全国高等院校计算机基础教育研究会发布

Intelligent-age China Vocational-computing Curricula 2021

智能时代中国高等职业教育计算机教育课程体系 2021

中国高等职业教育计算机教育改革课题研究组

ICVC

中国铁道出版社有限公司
CHINA RAILWAY PUBLISHING HOUSE CO., LTD.

内 容 简 介

《中国高等职业教育计算机教育课程体系》(CVC)是全国高等院校计算机基础教育研究会与中国铁道出版社有限公司合作推出的重要成果,已分别于 2007 年、2010 年、2014 年出版三个版本。本次编写出版的《智能时代中国高等职业教育计算机教育课程体系 2021》是前版"中国高等职业教育计算机教育课程体系"的继续,同时增加了"智能时代"的表述,以反映当前经济社会发展和新一代信息技术发展的时代背景。

本书编写目的在于针对当前中国特色高等职业教育发展改革建设中存在的问题,实施"以问题为导向,重在落实"的研究编写原则,重点在于发现问题,研究在教育教学中确实能够落地的解决方案,以此促进中国特色、高水平高等职业教育的发展。校企合作是发展职业教育的根本途径,本书研究和编写过程中吸纳多家 IT 企业参与,这些 IT 企业的贡献也是本书内容的重要组成部分。

本书可为教育主管部门、相关教学指导委员会制定政策和方案提供参考,也可为院校管理者,尤其是为一线教师和相关企业专家深化高等职业教育专业、课程、教学改革建设提供参考。

图书在版编目(CIP)数据

智能时代中国高等职业教育计算机教育课程体系. 2021 /
中国高等职业教育计算机教育改革课题研究组编著. —北京:
中国铁道出版社有限公司, 2021.10
 ISBN 978-7-113-28437-4

Ⅰ. ①智… Ⅱ. ①中… Ⅲ. ①高等职业教育-电子计算机-课程设计-研究-中国 Ⅳ. ①TP3-4

中国版本图书馆 CIP 数据核字(2021)第 200061 号

书 名:	智能时代中国高等职业教育计算机教育课程体系 2021
	ZHINENG SHIDAI ZHONGGUO GAODENG ZHIYE JIAOYU JISUANJI JIAOYU KECHENG TIXI 2021
作 者:	中国高等职业教育计算机教育改革课题研究组

策 划:	秦绪好	编辑部电话:	(010) 51873628
责任编辑:	汪 敏 徐盼欣		
封面设计:	付 巍		
封面制作:	刘 颖		
责任校对:	孙 玫		
责任印制:	樊启鹏		

出版发行:中国铁道出版社有限公司(100054,北京市西城区右安门西街 8 号)
网   址:http://www.tdpress.com/51eds/
印   刷:三河市兴达印务有限公司
版   次:2021 年 10 月第 1 版 2021 年 10 月第 1 次印刷
开   本:787 mm×1 092 mm 1/16 印张:12.5 字数:195 千
书   号:ISBN 978-7-113-28437-4
定   价:56.00 元

版权所有 侵权必究

凡购买铁道版图书,如有印制质量问题,请与本社教材图书营销部联系调换。电话:(010) 63550836
打击盗版举报电话:(010) 63549461

中国高等职业教育计算机教育改革课题研究组暨编委会人员名单

总顾问： 谭浩强（清华大学） 　　　　　　　黄心渊（中国传媒大学）

主　编： 高　林（北京联合大学）

副主编： 鲍　洁（北京联合大学） 　　　　　秦绪好（中国铁道出版社有限公司）

编　委： （按姓氏笔画排序）

于　京（北京电子科技职业学院） 　　　　于　鹏（新华三技术有限公司）
万　冬（北京信息职业技术学院） 　　　　万国德（北京四合天地科技有限公司）
马小军（北京联合大学） 　　　　　　　　王　芳（浙江机电职业技术学院）
王佳祥（贵州电子信息职业技术学院） 　　左晓英（黑龙江交通职业技术学院）
史宝会（北京信息职业技术学院） 　　　　乐　璐（南京城市职业学院）
吕坤颐（重庆城市管理职业技术学院） 　　朱震忠（西门子数字化工业集团）
刘　松（天津电子信息职业技术学院） 　　刘　畅（中广智远科技发展有限公司）
刘　学（山东电子职业技术学院） 　　　　刘竹林（湖北工业职业技术学院）
孙　刚（南京信息职业技术学院） 　　　　孙　涌（深圳市政协科教卫体委员会）
孙百鸣（哈尔滨职业技术学院） 　　　　　孙仲山（宁波职业技术学院）
孙昕炜（中盈创信（北京）科技有限公司）孙学耕（厦门海洋职业技术学院）
孙展鹏（亚马逊通技术服务（北京）有限公司）杜　辉（北京电子科技职业学院）
杜　煜（北京联合大学） 　　　　　　　　杜暖男（平顶山工业职业技术学院）
李筱林（柳州铁道职业技术学院） 　　　　杨　黎（深圳职业技术学院）
杨国华（无锡商业职业技术学院） 　　　　杨欣斌（深圳职业技术学院）
杨智勇（重庆工程职业技术学院） 　　　　吴弋旻（杭州职业技术学院）
余红娟（金华职业技术学院） 　　　　　　宋艳丽（辽宁机电职业技术学院）
张　娟（江苏海事职业技术学院） 　　　　张　鹏（神州数码网络有限公司）

张永华（长春职业技术学院）	张启明（宁波职业技术学院）
张明伯（百科荣创（北京）科技发展有限公司）	张俊玲（北京联合大学）
陆胜洁（浙江瑞亚能源科技有限公司）	陈　静（山东劳动工业职业技术学院）
陈西玉（浙江求是科教设备有限公司）	邵　瑛（上海电子信息职业技术学院）
武春岭（重庆电子工程职业学院）	苗春雨（杭州安恒信息技术股份有限公司）
易　潮（浙江瑞亚能源科技有限公司）	周连兵（东营职业学院）
郑剑海（北京杰创永恒科技有限公司）	赵　彦（江苏信息职业技术学院）
胡大威（武汉职业技术学院计）	彦凡秋（北京久其软件股份有限公司）
姜思红（三六零安全科技股份有限公司）	秦江艳（三六零安全科技股份有限公司）
聂　哲（深圳职业技术学院）	聂开俊（苏州信息职业技术学院）
夏东盛（陕西工业职业技术学院）	倪　勇（浙江机电职业技术学院）
徐　振（杭州朗迅科技有限公司）	徐义晗（江苏电子信息职业学院）
徐雪鹏（中科磐云（北京）科技有限公司）	郭　勇（福建信息职业技术学院）
郭瑞春（NVIDIA技术服务（北京）有限公司）	桑宁如（浙江瑞亚能源科技有限公司）
黄建华（湖南理工职业技术学院）	盛鸿宇（北京联合大学）
眭碧霞（常州信息职业技术学院）	梁　强（德州职业技术学院）
葛　鹏（随机数（浙江）智能科技有限公司）	曾文权（广东科学技术职业学院）
鄢军霞（武汉软件工程职业学院）	赫　亮（北京金芥子国际咨询有限公司）
蔡建军（无锡职业技术学院）	管　连（杭州加速科技有限公司）
谭方勇（苏州职业大学）	翟玉峰（中国铁道出版社有限公司）
樊　睿（杭州安恒信息技术股份有限公司）	

前言

  2021年十三届全国人大四次会议通过的《中华人民共和国国民经济和社会发展第十四个五年规划和2035年远景目标纲要》，对我国社会主义现代化建设进行了全面部署。"十四五"时期对国家的要求是高质量发展，对教育的定位是建立高质量的教育体系，对职业教育的定位是增强职业教育的适应性。当前，在百年未有之大变局下，在"十四五"开局之年，如何切实推动落实《国家职业教育改革实施方案》《职业教育提质培优行动计划（2020—2023年）》等文件要求，是新时代职业教育适应国家高质量发展的核心任务。伴随新科技和新工业化发展阶段的到来和我国产业高端化转型升级，必然引发企业用人需求和聘用标准随之发生新的变化，以成果为导向的高等职业教育人才培养理念（OBE），使适应经济社会发展对技术技能人才培养新需求、创新中国特色人才培养模式成为高等职业教育战线的核心任务，国务院和教育部制定和发布包括"双高计划"、"1+X"职业技能等级证书制度、专业群建设、专业教学标准、信息技术课程标准、实训基地建设标准等一系列具体的指导性文件，为探索新时代中国特色高等职业教育人才培养指明了方向。

  自2007年以来，全国高等院校计算机基础教育研究会发布、由中国铁道出版社有限公司出版的《中国高等职业教育计算机教育课程体系》（CVC）已出版三个版本，分别为《中国高等职业教育计算机教育课程体系2007》《中国高等职业教育计算机教育课程体系2010》《中国高等职业教育计算机教育课程体系2014》。其中，《中国高等职业教育计算机教育课程体系2007》重点介绍了北美的CBE、澳大利亚的 TAFE 等当时世界上比较典型的职业教育人才培养模式，其特点是以职业技能为导向、从职业需求分析开始的专业课程设计方法，尤其是将以"实训"为主的实践教学课程引入我国高等职业教育课程体系；《中国高等职业教育计算机教育课程体系 2010》是在学习新加坡学期项目课程和德国基于工作过程课程模式基础上，结合我国经济发展和职业教育实际，提出的以综合能力培养为导向的工作过程—支撑平台系统化课程模式和开发方法；《中国高等职业教育计算机教育课程体系 2014》结合以综合能力培养为导向的工作过程—支撑平台系统化课程模式，重点提出了公共课程、专业平台课程、专业课程和信息素养培养等新概念，并结合计算机教育专业课程体系给出了课程设计典型案例。

本次编写出版的《智能时代中国高等职业教育计算机教育课程体系 2021》是前版《中国高等职业教育计算机教育课程体系》的继续，同时，前面增加了"智能时代"的表述，其含义有以下两点：第一，表达本书内容的经济社会发展背景，说明当前我国已经进入了以人工智能为核心技术、推动经济社会产业发展的新时代，开启了中国特色社会主义发展的新征程；第二，新时代的高等职业教育必须适应产业发展对技术技能人才的新要求。

以此为背景，全书内容分为三部分：

第一部分，从进入中国特色社会主义新时代的经济社会发展国家战略和主要科学技术支撑、新科技革命推动新工业革命等视角，阐述高等职业教育发展的新时代背景、新时代对技术技能人才的新要求、新时代高等职业教育的机遇与挑战。

第二部分，阐述我国高等职业教育发展，以学习借鉴国际先进经验起步，从学科本位到技能主导，再到能力导向的发展改革历程和取得的成果。在此基础上给出了我们研制的高等职业教育专业人才培养模式及课程开发规范，并以高等职业教育"光伏工程技术"专业为例，详细介绍了人才培养方案和专业课程体系开发过程和结果。

第三部分："启航新征程，创新中国特色高等职业教育"是本书的重点，主要阐述面向新时代、创新中国特色成为高等职业教育发展的主要任务。创新中国特色首先要转变高等职业教育发展理念，阐述了从"学习借鉴、跟随发展"转变为"经验共鉴、协同共进"发展理念的必要性，并从"加强社会主义核心价值观和信息素养培养""项目课程要正本清源""专业群、专业、'1+X'的一体化设计""计算机公共课程向信息技术课程转型升级""实施以学生为中心的教学"五方面，对中国特色高等职业教育进行了深入探索。实际上，这些方面在国家战略层面多已提出，并在具体的高等职业教育教学改革建设项目中试点。本书编写目的在于以此为基础，秉持"以问题为导向，重在落实"的指导思想，重点在于发现当前高等职业教育内涵建设与发展中实施的项目工程与教学改革实践中存在的问题，研究在教育教学中确实能够落地的解决方案，以此促进中国特色、高水平高等职业教育的发展。

本书是几年来项目组和众多高等职业院校老师、企业专家共同探索和研制的成果，也是全国高等院校计算机基础教育研究会的重要成果和品牌 CVC 的延续。在整个编写过程中，得到我国著名计算机教育专家谭浩强教授和黄心渊会长的精心指导与研究会领导的大力支持，得到中国铁道出版社有限公司的大力支持，得到众多高等职业院校与企业的大力支持。

参与本书研讨等相关工作的院校有：北京联合大学、深圳职业技术学院、深圳信息职业技术学院、厦门海洋职业技术学院、福建信息职业技术学院、常州信息职业技术学院、北京电子科技职业学院、宁波职业技术学院、咸宁职业技术学院、陕西工业职业技术学院、南京信息职业技术学院、武汉职业技术学院、德州职业技术学院、北京信息职业技术学院、天津电子信息职业技术学院、浙江机电职业技术学院、南京城市职业学院、江苏信息职业技术学院、苏州市职业大学、无锡商业职业技术学院、广东科学技术职业学院、上海电子信息职业技术学院、重庆城市管理职业技术学院、重庆电子工程职业学院、黑龙江交通职业技术学院、湖南理工职业技术学院等院校。

参与本书研讨等相关工作的企业有：浙江瑞亚能源科技有限公司、百科荣创（北京）科技发展有限公司、随机数（浙江）智能科技有限公司、杭州安恒信息技术股份有限公司、浙江求是科教设备有限公司、西门子数字化工业集团、新华三技术有限公司、北京久其软件股份有限公司、亚马逊通技术服务（北京）有限公司、北京杰创永恒科技有限公司、北京金芥子国际咨询有限公司、杭州朗迅科技有限公司、杭州加速科技有限公司、精一科技有限公司、中科磐云（北京）科技有限公司、NVIDIA 技术服务（北京）有限公司、三六零安全科技股份有限公司、中国铁道出版社有限公司等。

本书参与编写的核心人员主要是：高林、鲍洁、秦绪好。参与研讨等相关工作的还有：盛鸿宇、聂哲、孙学耕、陆胜洁、孙仲山、于京、葛鹏、杜辉、樊睿、张明伯、孙刚、乐璐、胡大威、赵彦、黄建华、梁强、郭勇、夏东盛、吕坤颐、谭方勇、张立为、朱咏梅、桑宁如等。本书由高林教授确定整体框架，高林、鲍洁教授统稿、审核定稿。

在此向所有支持、指导、帮助、关注本书的人们表示由衷的感谢。

本书编写中的疏漏和不当之处，敬请读者指正。

中国高等职业教育计算机教育改革课题研究组
2021 年 9 月

目录

第一部分 新时代高等职业教育的机遇与挑战

第1章 高等职业教育发展的新时代背景 ... 2
1.1 新时代经济产业发展的主要标志 ... 4
1.2 新时代经济社会发展的国家战略 ... 6
1.3 新时代经济社会发展的主要科技基础 ... 8

第2章 新时代对技术技能人才的新要求 ... 14
2.1 信息化对技术技能人才的基本要求 ... 14
2.2 智能化对技术技能人才的新要求 ... 15
2.3 新时代高等职业教育面临的机遇与挑战 ... 18

第二部分 我国高等职业教育发展历程和改革成果

第3章 我国高等职业教育发展历程 ... 23
3.1 学习借鉴北美能力本位技能导向的职业教育人才培养模式（CBE） ... 23
3.2 学习借鉴澳洲的职业教育人才培养模式（TAFE） ... 25
3.3 学习借鉴德国设计导向的职业教育人才培养模式（DCCD） ... 26

第4章 高职专业人才培养方案与课程开发规范 ... 29

第5章 "光伏工程技术"专业课程开发案例 ... 38

5.1 概述 38
    5.1.1 专业与经济社会发展的关系概述 38
    5.1.2 专业开发概述 39

5.2 专业定位分析 40
    5.2.1 科学技术发展与行业产业应用背景分析 40
    5.2.2 专业定位分析 40

5.3 技术与职业分析 44
    5.3.1 职业分析要点概述 44
    5.3.2 典型工作任务汇总 44
    5.3.3 典型工作任务学习难度范围 46
    5.3.4 典型工作任务描述 46

5.4 专业—技术与职业分析汇总 58

5.5 专业课程体系设计 71
    5.5.1 培养目标 71
    5.5.2 培养规格 72
    5.5.3 课程汇总 79
    5.5.4 专业课程体系基本结构 98
    5.5.5 专业特色和优势 102

第三部分 启航新征程，创新中国特色高等职业教育

第 6 章 转变高等职业教育发展理念 109

6.1 近三十年高等职业教育"学习借鉴、跟随发展"的发展理念 109

6.2 从"学习借鉴、跟随发展"转变为"经验共鉴、协同共进"的发展理念 ... 111

第 7 章 加强社会主义核心价值观和信息素养培养 ... 114
- 7.1 立德树人是根本任务 ... 114
- 7.2 信息素养成为数字社会公民的基本素养 ... 117
- 7.3 高等职业教育要加强思维能力培养 ... 120
- 7.4 课程思政教学案例——"程序设计基础"课程 ... 121
- 7.5 信息素养、思维能力培养教学案例——计算机信息技术基础课程 ... 125

第 8 章 项目课程要正本清源 ... 128
- 8.1 学习德国经验要避免形式化 ... 128
- 8.2 项目课程要创新发展 ... 132
- 8.3 项目教学案例——房价预测 ... 136
  - 8.3.1 项目描述 ... 136
  - 8.3.2 项目说明 ... 137
  - 8.3.3 项目工作场景 ... 138

第 9 章 专业群、专业、"1+X"的一体化设计 ... 140
- 9.1 高职专业群建设的基本特点与关系 ... 140
- 9.2 专业群建设 ... 142
- 9.3 "1+X"职业技能等级证书制度 ... 150
- 9.4 专业群、专业、"1+X"一体化设计总体思路 ... 152
- 9.5 专业群职业分析案例——高职建筑专业群 ... 154

第 10 章 专业群平台课程教学资源建设 ... 159
- 10.1 专业群平台课程教学资源建设概述 ... 159
- 10.2 信息技术类平台课程教材案例Ⅰ——《电子电路分析制作及测试》 ... 160

10.3 信息技术类平台课程教材案例Ⅱ——《网络与信息安全技术》............ 162

10.4 信息技术类平台课程教材案例Ⅲ——《人工智能技术与应用》............ 164

第 11 章 计算机公共课程向信息技术课程转型升级 166

11.1 计算机公共课程面临转型升级 166

11.2 教育部公布信息技术课程标准 168

11.3 基于新标准的信息技术课程解决方案 169

11.4 高职信息技术课程系列教材案例Ⅰ——《信息技术基础》 171

11.5 高职信息技术课程系列教材案例Ⅱ——《信息技术基础（WPS）》 173

11.6 高职信息技术课程系列教材案例Ⅲ——《Python 语言教程》 175

11.7 高职信息技术课程系列教材案例Ⅳ——《人工智能技术与应用基础》 177

11.8 高职信息技术课程系列教材案例Ⅴ——《大数据技术与应用基础》 179

11.9 高职信息技术课程系列教材案例Ⅵ——《信息安全技术与应用基础》 ... 182

第 12 章 实施以学生为中心的教学 184

12.1 以学生为中心要有教育教学管理制度和机制的保障 184

12.2 教育新型基础设施建设为以学生为中心的教育教学提供重要支撑 186

第一部分

新时代高等职业教育的机遇与挑战

　　职业教育是培养技术技能人才、促进就业创业创新、推动中国制造和服务上水平的重要基础。要坚持以习近平新时代中国特色社会主义思想为指导，着眼服务国家现代化建设、推动高质量发展，着力推进改革创新，要瞄准技术变革和产业优化升级的方向，推进产教融合、校企合作，探索中国特色学徒制，注重学生工匠精神和精益求精习惯的养成，努力培养数以亿计的高素质技术技能人才，为全面建设社会主义现代化国家提供坚实的支撑。

第1章　高等职业教育发展的新时代背景

2017年10月18日至10月24日，中国共产党第十九次全国代表大会在北京召开。习近平在中国共产党第十九次全国代表大会上的报告指出，中国共产党第十九次全国代表大会，是在全面建成小康社会决胜阶段、中国特色社会主义进入新时代的关键时期召开的一次十分重要的大会。五年来，我们党以巨大的政治勇气和强烈的责任担当，提出一系列新理念新思想新战略，出台一系列重大方针政策，推出一系列重大举措，推进一系列重大工作，解决了许多长期想解决而没有解决的难题，办成了许多过去想办而没有办成的大事，推动党和国家事业发生历史性变革。经过长期努力，中国特色社会主义进入了新时代，这是我国发展新的历史定位。

2020年10月26日至29日，中国共产党第十九届中央委员会第五次全体会议在北京举行。全会审议通过的《中共中央关于制定国民经济和社会发展第十四个五年规划和2035年远景目标的建议》，是开启全面建设社会主义现代化国家新征程、向第二个百年奋斗目标进军的纲领性文件，是今后五年乃至更长时期我国经济社会发展的行动指南。

2021年7月1日，庆祝中国共产党成立100周年大会在北京天安门广场隆重举行。习近平总书记在庆祝大会上的重要讲话指出，中国共产党团结带领中国人民又踏上了实现第二个百年奋斗目标的赶考之路。

1.1 新时代经济产业发展的主要标志

党的十九大报告指出,我国经济已由高速增长阶段转向高质量发展阶段,正处在转变发展方式、优化经济结构、转换增长动力的攻关期,建设现代化经济体系是跨越关口的迫切要求和我国发展的战略目标。

工业革命(the Industrial Revolution)又称产业革命,是以机器取代人力,以大规模工厂化生产取代个体工场手工生产的一场生产与科技革命。机器的发明及运用成为这个时代的标志,因此历史学家称这个时代为"机器时代"(the Age of Machines)。18世纪中叶,英国人瓦特改良蒸汽机之后,由一系列技术革命引起了从手工劳动向动力机器生产转变的重大飞跃,随后向英国乃至整个欧洲大陆传播,19 世纪传至北美。

18 世纪中叶以来,人类历史上先后发生了四次工业革命,分别称为工业 1.0、工业 2.0、工业 3.0、工业 4.0。

第一次工业革命(工业 1.0)起自蒸汽机的发明,其所开创的"蒸汽时代",标志着农业文明向工业文明的过渡。

第二次工业革命(工业 2.0)源自发电机的发明,标志人类进入了"电气时代"。19 世纪下半叶到 20 世纪初,以电力的广泛应用为标志,用电力驱动机器取代蒸汽动力,从此零部件生产与产品装配实现分工,使得电力、钢铁、铁路、化工等重工业兴起,石油成为新能源,工业进入大规模生产时代。

20 世纪后半期,计算机和自动化技术(1960 年)推动了第三次工业(科技)革命(工业 3.0),人类进入信息化时代,以计算机与自动化为标志,以 PLC (Programmable Logic Controller,可编程逻辑控制器)和 PC (Personal Computer,个人计算机)的应用为重点。从此,机器不但接管了人的大部分体力劳动,同时接管了一部分脑力劳动,工业生产能力自此超越了人类的消费能力,全球信息和资源交流变得更为迅速，大多数国家和地区都被卷入全球化进程之中，人类文明的发达程度达到空前的高度，人类进入了产能过剩时代。

第三次工业革命方兴未艾，还在全球扩散和传播。进入21世纪，人类面临空前的全球能源与资源危机、全球生态与环境危机、全球气候变化危机的多重挑战。与此同时，以互联网技术、人工智能技术为主的新一代信息技术的发展催生了人类历史上的第四次工业革命（工业4.0），以互联网和人工智能为标志，新技术革命的发展和产业化引发了第四次工业革命，即工业4.0已经拉开序幕，它反映了人类历史上工业化的又一次新进程，机器将取代人类大部分体力劳动和脑力劳动，开创智能机器人和人类共同创造财富的人类社会新时代。

新中国成立之初，我国是典型的农业大国；新中国成立之后，在极低发展水平起点下，开启了工业化进程，同时进行了第一次、第二次工业革命，直至基本完成工业2.0。在20世纪80年代以来的信息革命中，中国已经成为世界最大的ICT（信息通信技术）生产国、消费国和出口国，正在成为领先者。进入21世纪，中国与美国、欧盟、日本等发达国家站在了同一起跑线上，在加速信息工业革命的同时，开启了第四次工业革命进程。以历史视角从工业化发展角度观察，可以清晰地认识到，世界第四次工业革命已经来临，这是中国与发达国家站在同一起跑线上的工业革命，我们必须紧紧抓住这一难得发展的历史机遇。

2015年10月14日，李克强主持召开国务院常务会议。李克强在会议上提出了"新工业革命"概念。李克强总理提出的"新工业革命"，与国际工业4.0同步，概括为我国经济发展新常态，充分体现了在对工业革命内涵全面把握的基础上所做出的正确判断，这对于我国经济发展将产生深远影响。新工业革命或者新常态反映的我国经济社会发展新形势的本质在于抓住历史机遇，推动我国经济与发达国家同步，实现跨越式发展，进入国际先进水平，引领世界工业革命。

1.2 新时代经济社会发展的国家战略

我国新时代的经济发展，实质上就是告别过去传统粗放的高速增长阶段，向形态更高级、分工更复杂、结构更合理的高效率、低成本、可持续的中高速增长阶段演化，是引领我国经济进入一种综合动态优化的过程。为了推动这一演进与优化的过程，持续推进中国特色社会主义现代化和中华民族实现伟大复兴的目标，一系列国家战略开始实施。

1. 国民经济和社会发展第十四个五年规划和 2035 年远景目标

党的十九大对实现第二个百年奋斗目标作出分两个阶段推进的战略安排，即到 2035 年基本实现社会主义现代化，到本世纪中叶把我国建成富强民主文明和谐美丽的社会主义现代化强国。

规划特别强调要强化国家战略科技力量。制定科技强国行动纲要。支持发展高水平研究型大学，加强基础研究人才培养。推进科研院所、高校、企业科研力量优化配置和资源共享。造就更多国际一流的科技领军人才和创新团队，培养具有国际竞争力的青年科技人才后备军。加强创新型、应用型、技能型人才培养，实施知识更新工程、技能提升行动，壮大高水平工程师和高技能人才队伍。

规划指出要发展战略性新兴产业。加快壮大新一代信息技术、生物技术、新能源、新材料、高端装备、新能源汽车、绿色环保以及航空航天、海洋装备等产业。推动互联网、大数据、人工智能等同各产业深度融合，推动先进制造业集群发展。

规划要求要加快数字化发展。发展数字经济，推进数字产业化和产业数字化，推动数字经济和实体经济深度融合，打造具有国际竞争力的数字产业集群。加强数字社会、数字政府建设，提升公共服务、社会治理等数字化智能化水平。积极参与数字领域国际规则和标准制定。

2. 创新驱动发展

2012年底召开的党的十八大就明确强调要坚持走中国特色自主创新道路、实施创新驱动发展战略。进入新常态时期，其重要特征之一是要转换发展动力，从要素驱动、投资驱动转向创新驱动。2015年3月15日，中共中央、国务院出台《关于深化体制机制改革加快实施创新驱动发展战略的若干意见》，提出我国实施创新驱动发展的总体思路、目标和要求。2016年5月，中共中央、国务院印发《国家创新驱动发展战略纲要》，对实施创新驱动发展战略做出了总体部署，提出把创新驱动发展作为国家的优先战略，以科技创新为核心带动全面创新，以体制机制改革激发创新活力，以高效率的创新体系支撑高水平的创新型国家建设，推动经济社会发展动力根本转换。明确了分三步走的具体战略目标，强调要坚持科技创新和体制机制创新"双轮驱动"；构建一个国家创新体系；推动六大转变，即发展方式从以规模扩张为主导的粗放式增长向以质量效益为主导的可持续发展转变，发展要素从传统要素主导发展向创新要素主导发展转变，产业分工从价值链中低端向价值链中高端转变，创新能力从"跟踪、并行、领跑"并存、"跟踪"为主向"并行""领跑"为主转变，资源配置从以研发环节为主向产业链、创新链、资金链统筹配置转变，创新群体从以科技人员的"小众"为主向"小众"与大众创新创业互动转变。还明确提出，"建设和完善创新创业载体，发展创客经济，形成大众创业、万众创新的生动局面"。多举措激发全社会创造活力。创新驱动发展已是国际竞争的大势所趋、民族复兴的国运所系、国家发展的形势所迫。

1.3　新时代经济社会发展的主要科技基础

新科技革命推动新产业革命是新时代经济社会发展的主要特征，新一代信息技术发展为新产业革命打下了坚实的科技基础。新一代信息技术是以人工智能技术为核心，以机器人、大数据、云计算、现代通信技术、物联网、虚拟现实、区块链等为代表的新兴技术，它既是信息技术的纵向升级，也是信息技术间及与相关产业的横向渗透融合。新一代信息技术正在全球范围内引发新一轮的科技革命，并快速转化为现实生产力，引领经济和社会的高速发展。

1. 人工智能

2017年，国务院印发《新一代人工智能发展规划》，目标是到2030年，人工智能理论、技术与应用总体达到世界领先水平，成为世界主要人工智能创新中心。人工智能是新产业革命的基础，推进新产业革命，必须把握这一重大科学技术发展机遇，瞄准国际人工智能发展趋势，把人工智能技术与产业升级改造有机结合起来，给新产业革命注入智能化的新动力。

人工智能是研究、开发用于模拟、延伸和扩展人的智能的理论、方法、技术及应用系统的一门新的技术科学，该领域研究包括机器人、语音识别、图像识别、自然语言处理和专家系统等。人工智能的概念最早在20世纪50年代出现，在发展过程中经历了多次起起落落。从50年代末期到60年代，人工智能主攻方向是通过"逻辑专家"的"推理和搜索"方法来解决一些特定问题，如迷宫探索、机器人行动规划，以及各种棋类博弈。然而，当人们意识到当时的人工智能只能解决一些"玩具问题"，而对复杂现实问题束手无策时，人工智能研究走向了第一次低潮。80年代，第二次人工智能浪潮卷土重来。这一阶段特点是发明了能利用

"知识"的"专家系统",让计算机能够像该领域的专家一样出色地开展工作。同时,人工智能在程序设计语言、知识表示、推理方法等方面也都取得了重大进展。然而,到了 90 年代中期,很多雄心勃勃的大型人工智能计划面临着推理能力弱、实用性差等难以克服的困难,人工智能研究进入了第二次低潮。从 90 年代后期开始,人工智能研究的瓶颈有所突破。由于互联网、浏览器及搜索引擎的问世和快速发展,运用海量数据的"机器学习"迅速崛起,尔后开发的计算机"深度学习"能够模拟人脑的神经网络进行分析学习。由此,人工智能研究与应用进入了又一次高潮。随着进入 21 世纪后第三次人工智能浪潮的到来,通过"机器学习"与"深度学习",用计算机来模拟人的思维过程和智能行为(如学习、推理、思考、规划等)得到极大发展。国际金融危机以后,欧美国家更加重视人工智能技术的研究,在人工智能基础研究、人脑研究、网络融合、3D 智能打印等领域不断有所突破。

现阶段人工智能技术突破有两大重点,分别是智能化的云机器人技术和人脑仿生计算技术。美国、日本、巴西等国家均将云机器人作为机器人技术的未来研究方向之一,包括建立开放系统机器人架构、构建网络互联机器人系统平台、开发机器人网络平台的算法和图像处理系统等。在人脑仿生计算技术上,由于"深度学习"的成功运用,计算机可以开始部分模仿人类大脑的运算,并能够实现学习和记忆。为此,各国都在该领域加大投入,企图抢占制高点。谷歌、IBM、Facebook、微软等各大公司纷纷在人工智能领域布局。这些公司早都在运行自己的人工智能实验室。

各大公司纷纷开放了自己的研究资源平台,以期吸引更多研究者参与研究。谷歌开发了一个名叫 TensorFlow 的机器学习平台,把复杂数据结构传输至人工智能神经网中进行分析和处理。全球各地开发者和爱好者都可以免费使用这个平台。Facebook 人工智能研究院推出基于 Torch 机器学习框架的能提升人工神经网络运行性能的开源工具。Facebook 宣布开放针对神经网络研究的服务器 Big Sur。IBM 宣布开源旗下机器学习平台 SystemML，用以支持描述性分析、分类、聚类、回归、矩阵分解及生存分析等算法。亚马逊开发的 Amazon Machine Learning，可以让开发者轻松使用历史数据开发，并部署预测模型。

在人工智能技术领域，我国大体上与世界先进国家发展同步。近年来，我国在视觉识别、语音识别等领域实现了技术突破，处于国际领先水平。我国拥有自主知识产权的文字识别、语音识别、中文信息处理、智能监控、生物特征识别、工业机器人、服务机器人、无人驾驶汽车等很多智能科技成果已进入实际应用。以百度、阿里巴巴、腾讯为首的互联网巨头公司已在人工智能领域布局。2013 年，百度成立了我国首个深度学习研究院，该院的"百度大脑计划"融合了深度学习算法等多项技术，拥有 200 亿个参数，构成了一套巨大的深度神经网络。目前，通过"百度大脑"的参与，语音识别的相对错误率降低了 20%～30%，扫描文本图像生成汉字文本的相对错误率降低了 30%。今天的"百度大脑"已达到相当于两到三岁孩子的智力水平。阿里巴巴研发并对外开放了我国首个人工智能计算平台 DTPAI。开发者可通过简单拖动方式完成对海量数据的分析挖掘。该平台是基于阿里云大数据处理平台 ODPS 构建的，后者可在 6 小时内处理相当于 1 亿部高清电影容量的数据。腾讯公司研发与对外开放了视觉识别平台"腾讯优图"。它在人脸识别上达到了稳居世界前列的 99.5%以上准确率，可应用于微众银行、财付通等相关产品。

总之，从现在开始到 2040 年，将是人工智能快速发展阶段。人工智能将改变各行各业生产和工作方式，也将催生许多新行业和新领域，最终将全面改变人类生活和世界。我国有集中力量办大事、统筹能力强的制度优势，在人工智能这一战略制高点上,应予以充分发挥。在我国新一轮改革发展关键时刻,人工智能技术给我们提供了一个弯道超车的机会。

2. 智能机器人

智能机器人是一个在感知、思维、效应方面全面模拟人的机器系统,外形不一定像人。智能机器人有相当发达的"大脑",在脑中起作用的是中央计算机,这种计算机和操作它的人有直接联系。最主要的是,这样的计算机可以进行有目的动作。智能机器人至少要具备以下三个要素:感觉要素,用来认识周围环境状态;运动要素,对外界做出反应性动作;思考要素,根据感觉要素所得到的信息,思考出采用什么样的动作。具有以上三个要素,才能说这种机器人是真正的机器人。

智能机器人是人工智能技术的综合试验场,可以全面地考察人工智能各个领域的技术,研究它们相互之间的关系,还可以在有害的环境中代替人从事危险的工作,在上天下海、战场作业等方面大显身手。

3. 大数据

大数据是指无法在一定时间范围内用常规软件工具获取、存储、管理和处理的数据集合,具有数据规模大、数据变化快、数据类型多样和价值密度低四大特征。数据已与土地、劳动力、资本、技术等传统要素并列为生产要素之一,熟悉和掌握大数据相关技能,有助于推动国家数字经济建设。

4. 云计算

云计算是一种利用互联网实现随时随地、按需、便捷地使用和共享计算设施、存储设备、应用程序等资源的计算模式。云计算把大量计算机资源通过互联网协调在一起，使用户可以不受时间和空间限制获得网络资源。熟悉和掌握云计算技术及关键应用，是助力新基建、推动产业数字化升级、构建现代数字社会、实现数字强国的关键技能之一。

5. 现代通信技术

通信技术是实现人与人之间、人与物之间、物与物之间信息传递的一门技术。现代通信技术是数字化通信技术，是将通信技术与计算机技术、数字信号处理技术等新技术相结合，其发展具有数字化、综合化、宽带化、智能化和个人化的特点。现代通信技术是大数据、云计算、人工智能、物联网、虚拟现实等信息技术发展的基础，以5G为代表的现代通信技术是中国新基建的重要助力者。

6. 物联网

物联网是指通过信息传感设备，按约定的协议，将物体与网络相连接，物体通过信息传播媒介进行信息交换和通信，实现智能化识别、定位、跟踪、监管等功能的技术。物联网是继计算机、互联网和移动通信之后的新一轮信息技术革命，正成为推动信息技术在各行各业更深入应用的新一轮信息化浪潮。

7. 虚拟现实

虚拟现实是一种可以创建和体验虚拟世界的计算机仿真系统，其利用高性能计算机生成一种模拟环境，是一种多源信息融合的、交互式的三维动态视景和实体行为的系统仿真。虚拟现实具有沉浸感、交互性和构想性三大特点，已广泛应用于娱乐、教育、设计、医学、军事等多个领域。虚拟现实可以将人们带入一个身临其境的虚拟世界。

8. 区块链

区块链是分布式数据存储、点对点传输、共识机制、加密算法等计算机技术的新型应用模式。从本质上说，区块链是一个分布式的共享账本和数据库，具有去中心化、不可篡改、全程留痕、可以追溯、集体维护、公开透明等特点，已被逐步应用于金融、供应链、公共服务、数字版权等领域。区块链是理念和模式的创新，是多种技术的综合运用，能在互联网环境下建立人与人之间的信任关系。

第 2 章　新时代对技术技能人才的新要求

新时代的重要特征是新科技革命推新产业革命，新科技革命的核心是新一代信息技术的发展及在经济社会中普遍应用，使人类社会开始进入数字时代。人类工作和生活呈现在物理空间和数字空间的不断转换。新时代对人类发展提出了新要求，使高等职业教育人才培养必须适应新的人才要求。

2.1　信息化对技术技能人才的基本要求

信息化改变了机械化时代对技术技能人才的需求，其基本要求呈现如下新特点：

1. 了解和掌握信息化时代的核心技术

信息化时代的核心技术是计算机和自动化，其应用使职业教育催生出一批适应信息化时代人才需求的新专业，如电子信息、计算机、通信和自动化等技术领域的专业都是在信息化时代诞生的，同时信息技术也渗透到其他各专业领域，促使计算机技术与专业教学内容的融合。

2. 从重技能向重职业综合能力发展

由于计算机和自动化技术发展和应用于工业化进程，信息化之前对技能人才单纯的操作技能要求，或称动手能力为主的操作能力要求，逐渐被计算机、自动化所取代，人的劳动转到生产控制和运行维护等更为复杂的工作领域，工作性质随之发生了很大变化：从单纯面向操作向面向问题转变，即技术技能人才必须从重技能向重以解决工作中问题为主的综合能力发展。

2.2 智能化对技术技能人才的新要求

当前，我国经济社会发展进入新时代，新时代是以新一代信息技术为基础和以智能化为主要特征的，因此新形势对技术技能人才提出了新要求，这既是对高等职业教育的挑战，也是有利机遇。认清需求、深化改革、创新发展是高等职业教育主动适应新时代、新形势，培养高质量人才的一次难得机遇，也是发展具有中国特色高水平国际化职业教育的有利时机。

当前，在信息化对技术技能人才要求基础上，对新时代技术技能型人才的新要求有以下特点：

1. 掌握智能化时代的核心技术，与智能机器协同工作

在全球新一轮科技革命和产业变革中，工业 4.0 时代是在工业信息化时代基础上向智能化的新发展阶段，而互联网、云计算构成了智能化的基础。人工智能、大数据等与各领域的融合发展具有广阔前景和无限潜力，已成为不可阻挡的时代潮流，正对各国经济社会发展产生战略性和全局性的影响。人工智能、"互联网+"作为我国新时期重点实施的国家战略，已成为驱动经济发展的新引擎。以人工智能、"互联网+"为特征的各产业融合发展的趋势日益加强，有关的新业态持续高速扩张，各行各业都要与智能化结合。但是，无论是"人工智能、互联网+现代农业",还是"人工智能、互联网+协同制造",或者"人工智能、互联网+智慧能源",人工智能、互联网与哪个领域"+"都需要互联网与该领域融合的跨界人才,高等职业教育的跨界人才培养将成为迫切需求。这就意味着新时代技术技能人才的专业技能也应是与智能化结合的专业技能,了解和掌握工业 4.0 时代的核心技术成为新时代技术技能型人才之必需。

2. 掌握数字工匠技能,弘扬数字工匠精神

技能是工业化对职业人才的基本要求,而工业化时期(工业 2.0)的技能主要还是指操作性技能,如在工业生产中操作机器的技能,俗称动手能力。但自信息化时代开始,对职业人才综合能力的要求越来越高,而信息技术要求的类似操作机器的动手能力有所弱化,因此在高等职业教育中出现了淡化技能的倾向。随着信息化的深入,尤其是逐步进入智能化的趋势,对以信息化、智能化为基础的技能要求日益凸显,这类技能可以称为数字化技能,它是以信息技术、智能技术为依托的技能,也是与分析解决问题等综合能力要求紧密相关的技能,如在电子信息产业中,这些技能包括微电子工艺与测试、智能电子产品制作、程序编写、软件测试等。

工匠技能和工匠精神一直是职业教育追求的目标,在信息化和智能化时代仍然需要掌握工匠技能和发扬工匠精神,只是随着时代发展,工匠技能和工匠精神的内涵也在发展变化,本书将这种新的工匠技能和工匠精神称为数字化工匠技能和数字化工匠精神。要定义数字化工匠技能和数字化工匠精神,并将其落实于高等职业教育中,培养具有一丝不苟、精益求精、注重技术细节、掌握数字工匠技能、弘扬数字工匠精神的新的大国工匠型人才。

3．综合能力要求需要进一步提升

随着经济转型和产业优化升级，经济发展方式正从规模速度型粗放增长转向质量效率型集约增长，节能减排成为经济社会发展的约束性指标，深入推进绿色发展、循环发展、低碳发展，强调实现以人为本的经济，在经济发展动力上从资源依赖型向创新驱动型转变，在这一过程中，产业结构、企业组织结构、生产中的相关行业结构和技术经济结构得到优化。第二产业中低端向高端转移，第三产业低端向中高端转移。工业化阶段的大批量、标准化的生产特征正在逐步被信息化、智能化阶段的小批量、多门类、柔性化、高技术、高知识含量、高附加值、高综合性和高复杂性的生产特征所取代。高等职业教育培养面向低端产业以职业岗位技术适应能力为主的人才，将难于满足新时代对这种变化的需要。而能够完成职业需要的完整的综合性工作任务，需要独立判断分析问题，富有创新精神、社会责任感、环保意识、团队合作，能创造性地解决技术应用中的问题，要在信息化基础上进一步提高，同时对技术技能型人才的创新能力、数字化工匠精神的要求也越加迫切。具备这样的综合职业能力，是新形势对高职培养人才能力提升的新要求。

技术技能型人才数量和质量是信息化、智能化，以及先进制造业竞争的最重要因素，高等职业教育培养一线高级技术技能人才是实现新时代各项国家战略和建设制造强国的重要基础。建立健全科学合理的选人、用人、育人机制，加快培养新时代经济社会发展急需的高技能人才队伍，是一项重要而紧迫的任务。

4．需要技术技能型拔尖创新人才

经济社会发展新形势，产业形态向高端化发展，要求技术技能型人才能力结构发生变化，岗位适应能力提高。同时，新形势还要求各类职业工作任务要由不同类型的人才协同完成，这就要求不同类型人才中都有领军人才，要求高等职业教育不仅要培养大批合格技术技能人才，还要培养大量技术技能精英人才。

2.3　新时代高等职业教育面临的机遇与挑战

1. 新时代技术技能人才的新要求是对高等职业教育的机遇与挑战

随着我国进入新的发展阶段，产业升级和经济结构调整不断加快，各行各业对技术技能人才的需求越来越紧迫，职业教育的重要地位和作用越来越凸显。我国职业教育承载着新的历史使命，也迎来了新的重大发展机遇。随着《国家职业教育改革实施方案》《职业教育提质培优行动计划（2020—2023年）》的实施，重视职业教育、认可职业教育的良好氛围的形成，职业教育必将迎来新的跨越式发展，必将培养更多高素质技术技能人才、能工巧匠、大国工匠，为全面建设社会主义现代化国家、实现中华民族伟大复兴的中国梦提供有力人才和技能支撑。

新时代技术技能人才面临来自科学技术、经济社会发展的新挑战，当智能化不断取代人的某些智力技能和职业岗位时，传统和当下的职业岗位将大量消失，新的职业岗位将大量出现，对技术技能人才的要求将大大提高。高等职业教育面临着发展的机遇与挑战，要求高等职业教育要有创新思路，研判新形势下高职发展存在的问题、痛点和刚需，推动中国特色高水平高等职业教育教学改革进入新发展阶段。

2. 对发达国家职业教育经验要依据新形势批判性吸收

迄今最先进的职业教育改革方案和经验是在工业3.0时代提出的，而工业4.0刚刚开始，世界上还没有形成适应工业4.0的职业教育人才培养理念、模式和经验。在新形势下的高等职业教育教学改革，必须对发达国家职业教育经验批判性吸收。例如，OBE（Outcome Based Education，成果导向教育）理念出自20世纪70年代，迄今还是应用型、职业型教育专业课程设计的指导性理念；设计空间理论是20世纪80年代以德国为主的欧洲国家的研究团队首先提出的，针对的是三四十年前德国与欧洲一些国家经济社会发展状态对人才知识能力要求的结构变化，以及教育与人才培养之间存在的差距提出的，目的在于促进教育改革，以适应当时经济社会发展的要求。

今天我们借鉴发达国家职业教育经验，一方面要借鉴他们职业教育专业课程设计的先进理念，另一方面应注意其应用的时代局限性，结合我国新时代新发展对技术技能人才的新需求，进行批判性思考和创新性实施。

3. 高等职业教育必须具有中国元素，形成中国特色

我国的高等职业教育是定义在高等教育专科层次的职业教育，这就意味着高等职业教育首先属于高等教育领域。2014年提出建设现代职业教育体系的概念，使高等职业教育进一步扩大为高等教育中的专科、本科和研究生各层次的高等职业教育。我国一位知名职业教育专家在谈及高等职业教育时曾说过：我们在借鉴世界各国职业教育经验时，要注意他们的职业教育基本上相当于我国的中等职业教育，而对于我国的高等职业教育则需要在借鉴基础上的创新，也就是说，高等职业教育本身就具有中国元素，现在要把新征程作为新奋斗的新起点，紧紧抓住新形势给职业教育带来的机遇，加快构建现代职业教育体系，从内涵层面进一步挖掘中国元素，坚定不移沿着中国特色现代化道路推进职业教育发展。

产业结构升级程度决定职业教育层次结构，职业教育层次结构推动产业结构升级。要遵循"高起点、高标准、高质量"的要求，稳步发展职业本科教育，完

善中高本衔接一体化的学校职业教育体系，打通技术技能人才的上升通道，基于不同的人才培养目标建立健全不同的人才选拔方式，使中等职业教育与职业专科教育、职业本科教育有机衔接、相互促进，扩大教育体系开放水平，推动职业教育与普通教育、继续教育、社区教育等融通发展，发挥职业教育在建设服务全民终身学习教育体系中的重要作用，加快构建国家资历框架，推进学分制和学分银行落地，形成职业教育的中国特色。

4. 高等职业教育要注重内涵发展，体现职业教育类型特征

夯实基础、补齐短板，着力深化改革、激发活力，要强化内涵建设，突显职业教育类型特征。职业教育提高吸引力，重在通过强化内涵建设，树立起中国特色职业教育质量品牌。要立足创新中国特色人才培养模式和课程设计方法；强化多功能、立体化教材和数字化教学资源建设；改进教学方法，推动课堂改革；要积极发挥新一代信息技术的作用，推动信息技术融入教育教学全过程；要切实加强"双师型"教师队伍建设；要通过打造一批示范院校，培养一大批优秀毕业生，提升职教学生和职业院校的荣耀感，提升职业教育的社会认可度。

第二部分

我国高等职业教育发展历程和改革成果

　　学校需要大胆突破对人才培养模式的常规认识，紧紧抓住人才培养的核心因素和关键环节，逐步建立以能力为导向的人才培养模式。制定以职业能力为导向的人才培养方案，要突出"能力为本"，强调"学以致用"，凸显"实践主题"，加强校企合作。

第 3 章　我国高等职业教育发展历程

高等职业教育是国家工业化和经济社会发展的产物，其产生与发展是国家经济社会发展与工业化对技术技能人才客观需求的反映。高等职业教育的主要任务是为社会经济发展培养生产、建设、管理、服务第一线的高级技术技能人才，提供人力资源的支撑。因此，高等职业教育与社会经济发展联系紧密，高等职业教育教学改革的背景和直接推动力是国家工业化的进程和人才需求。

3.1　学习借鉴北美能力本位技能导向的职业教育人才培养模式（CBE）

我国高等职业教育是自 20 世纪 80 年代从大学专科转轨开始的，当时的大学专科教学模式实施的是类似本科教育的学科模式，缺少职业教育的特征，因此向高职转轨后很快开始了转向职业教育的教学改革，实施适应我国工业化进程，学习借鉴北美能力本位、技能导向的职业教育理念和模式。

20 世纪 80 年代末，我国工业化进程已全面开启，经济社会发展与人才培养单一化的矛盾开始显现。当时的国家教委认为普通高等专科教育的办学特色不够明显，培养目标、培养规格、培养模式等都存在较大问题，专科教育与本科教育、高专与中专、普通专科与成人专科之间，上下左右关系不顺。为适应我国改革开放和工业化进程对技术技能人才的需求，1990年11月，国家教委在广州召开"全国普通高等专科教育工作座谈会"，推动我国高等专科教育教学改革。自20世纪90年代至21世纪头十年，为适应我国改革开放和工业化进程对技术技能人才的大量需求，开始了由学科导向的高等专科教育向能力本位、技能导向的高等职业教育转轨，其改革思路主要是学习借鉴已实现工业化的发达国家职业教育经验，改革我国高等职业教育教学。1989—2002年间多次派团考察北美强化技能培养的职业教育"以能力为本位"（Competency Based Education，CBE）的理念和模式，学习其教学经验，实施能力本位、技能导向的高等职业教育改革。如1992年北京市教委（原高教局）的重点项目："以高职计算机应用专业为试点的高职教学改革项目"在北京联合大学开始进行，该项目在学习借鉴北美的以能力为本位职业教育（CBE）的经验基础上，形成新的高等职业教育人才培养模式，在"能力本位、技能导向"职业教育理念引领下，重点将"实训课程"列为专业核心课程，并将原实验室改造成为实训基地。该项目得到当时国家教委职教司的重视和成果推广，自20世纪90年代初开始"技能导向"的实训课程改革和实训基地建设在全国高等职业教育中普遍开展起来。

这一阶段高职教学改革解决的主要问题是：从以学习理论知识为主的学科系统化专业课程与教学，改变为能力本位、技能导向的专业课程与教学，专业设计面向职业岗位；课程设计从学科分析到职业分析；人才培养增加以技能为目标的实训课程，使实训课程成为实践教学的重点，并且国家投入大量经费，全面建设以实训基地为主体的实训环境。从效果看，至21世纪初，高等职业教育教学改革整体上取得了全面的成功，为我国工业化发展提供了大批技能型实用人才。

能力本位、技能导向的职业教育人才培养模式产生于以机械化、电气化生产为主的工业化阶段，其人才培养模式的本质特征如下：

1. 能力本位

能力本位的对应概念是学科本位。能力本位的专业课程设计逻辑与学科本位正好相反，从职业工作的能力要求开始，且能力要求决定了专业课程的内容。我国高等职业教育改革正是从引进能力本位职业教育人才培养模式（CBE）开始，成功改革了原高等专科的本科压缩型人才培养模式。

2. 技能导向

由于机械化、电气化时代对职业人才能力要求多为操作性的工作岗位，技能性要求较强，所以培养的主要形式是重复性的技能训练，技能的熟练程度是主要完成指标，其课程形式主要是实训，教学环境是实训基地，这是学科本位所没有的。我国20世纪90年代高等职业教育改革就是从实训课程和实训基地建设开始的。

3.2 学习借鉴澳洲的职业教育人才培养模式（TAFE）

在世纪之交，我国经济社会开始向信息化发展，为适应发展对人才的新需求，教育部多次组团去澳洲，学习澳大利亚的职业教育（TAFE）经验。TAFE（Technical and Further Education，技术与继续教育）的高等文凭由澳大利亚政府颁发，与我国的高等职业教育相当。TAFE的课程不仅由教育机构设计，而且工商业界同时参与设计课程，所以其课程可以提供学生未来就业所需的知识与技能。教学内容是实际工作和课堂教学相结合，在授课的过程中强调与实际需求的紧密结合。TAFE课程采取各种灵活多样的教学方法和手段，通过课堂、工作现场、模拟工作场所、网络等诸多方式开展教学，学员在课堂内讨论发言的机会很多，教师的授课方式也灵活多样，真正实现了以学为主，以提高职业技能为中心。也有些课程采取大学的授课方式，大多数 TAFE 的课程可以让学生在毕业后继续攻读大学课程。自 20 世纪 90 年代开始，为适应经济社会向信息化发展，即工业 3.0 到来的新形势，澳大利亚对 TAFE 课程进行了深入的改革。TAFE 被称为改进的 CBE，主要是在技能导向基础上增加了综合运用技能完成职业岗位任务的课程，以适应信息化趋势产生的对劳动者日益增加的综合能力需求。

3.3 学习借鉴德国设计导向的职业教育人才培养模式（DCCD）

为适应 21 世纪初我国工业化开始向信息化（工业 3.0）发展的进程，2006 年，教育部发布《关于全面提高高等职业教育教学质量的若干意见》，推动学习当时德国最先进的职业教育人才培养模式，实施设计导向、基于工作过程的教学改革，强调职业人才解决工作中实际问题的综合能力培养。其间多次派团赴德国考查，学习借鉴德国"设计导向和基于工作过程"的职业教育理念和实践经验，推动我国高职从技能导向向设计导向人才培养发展。

在 21 世纪头十年中期，作为中方牵头单位，编者团队参加了欧盟职业教育改革的国际合作项目 DCCD，目的是将德国"设计导向，基于工作过程"的职业教育理念和模式引进亚洲。2006 年，教育部开始高职示范院校建设，在全国推广这一人才培养模式，可以认为高职教学改革从此进入又一发展阶段。

基于工作过程的职业教育人才培养模式是信息化（工业 3.0）时代国际最先进的职业教育人才培养模式，其主要特点可以概括为以下几点：

1．设计导向

20 世纪 80 年代，由于计算机与自动化技术的发展，很多操作性的工作被自动化所取代，在工作中单纯靠肢体操作的职业技能有所淡化，开始提出对职业人才能够解决工作中问题的要求，顺应这种对职业人才需求的变化，以德国为首的研究团队提出了以解决工作中问题的能力为主要目标的职业教育思想，即设计导向的职业教育思想。其基本含义在于：职业教育培养的人才，不仅要有技术适应能力，更重要的是要有能力本着对社会、经济和环境负责的态度，参与设计和创造未来的技术和工作世界。设计导向更强调了学生综合能力的培养。

2．基于工作过程（解决工作中问题）的课程设计

所谓工作过程就是解决工作中问题的过程，是以职业工作中要完成的典型任务为对象来设计解决任务中问题的过程，即从分析任务开始至验收评价结束的完整工作过程，要注意基于工作过程而不是生产产品的工作流程。

3．学习领域课程

学习领域课程有两层含义：第一层含义是由职业工作中典型工作任务转化的课程，通常课程形式为项目课程，称为学习领域课程；第二层含义是反映项目课程之间的关系，是专业中的项目课程体系，称为学习领域课程体系。

4．行动导向教学法

行动导向教学法是以学习为中心的教学法，是学习领域课程实施的保证，没有行动导向教学法就无法落实真正的项目课程，这也成为推动基于工作过程课程落实的深层次难点所在。

以上四点是基于工作过程的职业教育人才培养模式的四个基本点，基于工作过程的职业教育人才培养模式成功解决了适应工业信息化发展阶段职业人才培养的问题。

以上是我国高等职业教育发展以来比较重大的借鉴引进国外先进职业教育思想理念与人才培养模式的行动,在我国整个高等职业教育发展历程中起到了重要作用,有力促进了我国高等职业教育各个阶段的发展与改革,也反映了我国高等职业教育发展历程中秉持的职教思想与理念和人才培养的典型特征,取得了许多重要的教学改革成果,为面向新时期形成中国特色高水平高等职业教育奠定了重要基础。

在吸收国外先进经验的基础上,研究符合我国国情的基于工作过程的专业人才培养模式及课程开发方法是现实需求,为此,在教育部高职高专电子信息类专业教学委员会研究和实践基础上,推出"职业胜任力导向的工作过程—支撑平台系统化课程模式及其开发方法",并以高等职业教育实际专业人才培养中可以普遍采用的《专业人才培养方案及课程开发规范》形式推广和应用。该成果体现了我国工业 3.0 发展进程中高职专业人才培养方案及课程设计的基本规律;与国际先进的职业教育理念衔接,且符合中国国情;体现了产学合作、产教融合;满足了高等职业教育从技能导向向设计(解决问题能力)导向转型提升的需要。下面分两章给出基于"职业胜任力导向的工作过程—支撑平台系统化课程模式及其开发方法"的高职专业人才培养方案与课程开发规范和"光伏工程技术"专业课程开发案例。

第4章　高职专业人才培养方案与课程开发规范

对于学校教育而言，需要通过课程开发方法的桥梁将人才培养模式与人才培养落实有机衔接结合。没有与人才培养模式相应的课程开发方法，再好的模式也难于落地，只能成为束之高阁的理论成果。本章介绍借鉴国外先进经验自主研发的高职专业课程开发方法——高职专业人才培养方案与课程开发规范（简称"规范"）。这一规范自 2010 年起经历了多个版本的演进，开发了高职电子信息类八个专业教学标准（教育部公布）和新技术发展而新设置的高职专业的五个专业规范，在不断的实践应用中不断调整改进，成为可以开发专业教学标准（专业规范）、开发院校专业人才培养方案及其课程的方法。

1．专业课程开发流程

高职专业课程开发流程如图 4-1 所示。

```
┌─────────────────────────────────────┐
│            调研分析                  │
│    （现状与新工业革命即将带来的变化）  │
│ （1）专业面向产业行业发展现状及未来发展分析；│
│ （2）专业面向国家重大发展战略的分析；  │
│ （3）专业人才需求现状及未来发展需求预期；│
│ （4）专业发展现状及改革发展研究；     │
│ （5）职业标准分析；                  │
│ （6）职业证书分析。                  │
└─────────────────────────────────────┘
```

图 4-1　高职专业课程开发流程

职业分析

（专家研讨：行业、企业、科技、教研、教师）

第一步： 定位分析 专业—职业定位 依据调研分析确定专业的职业定位（包括职业技术领域、职业岗位等）	第二步： 职业分析：（头脑风暴） （1）提出常态典型工作任务： ① 适应拔尖创新人才培养的典型工作任务； ② 支撑上述典型工作任务的知识与技能。 （2）明确立德树人、综合能力、通用能力对职业人才的要求	第三步： 职业分析汇总 （1）确定最终本专业典型工作任务、专业类和专业的技能点、知识点。 （2）形成专业人才培养目标、专业人才常态和拔尖创新人才培养规格

课程体系设计

（1）由典型工作任务分析转换为 A、B、C 三类课程；
（2）确定核心课程；
（3）设计课程体系结构；
（4）确定培养拔尖创新人才的因材施教方案（环节、课程）；
（5）设计教学计划（递归）

课程设计

（以学生为中心）

（1）A、B、C 三类课程设计；
（2）将立德树人、综合能力、通用能力融入三类课程设计

图 4-1　高职专业课程开发流程（续）

第4章 高职专业人才培养方案与课程开发规范

```
┌─────────────────────────────────────────────┐
│           专业教学基础环境要求设计              │
│  （1）基于国家高职教学资源系统平台、学校智能教育信息 │
│  化平台等的课程（A、B、C）和教学环境设计；       │
│  （2）因材施教教学活动和环境设计；              │
│  （3）教学过程校企合作设计；                   │
│  （4）师资基本要求设计                        │
└─────────────────────────────────────────────┘
```

```
┌─────────────────────────────────────────────┐
│                  衔接设计                    │
│  升学衔接专业                                 │
└─────────────────────────────────────────────┘
```

```
┌─────────────────────────────────────────────┐
│                评价分析设计                   │
│  基于学校智能教育信息化平台的大数据学生学习状态分析 │
│  评价设计                                     │
└─────────────────────────────────────────────┘
```

```
┌─────────────────────────────────────────────┐
│               课程开发结果呈现                 │
│  专业人才培养方案（专业教学标准）               │
└─────────────────────────────────────────────┘
```

图 4-1 高职专业课程开发流程（续）

2.《专业人才培养方案及课程开发规范》(简化版)

一、概述

1. 专业与经济社会发展(工业化阶段)的关系概述

2. 专业开发概述

二、专业定位分析

1. 科学技术发展与行业产业应用背景分析

说明:由于科学技术发展和产业应用而对该专业产生影响的背景分析。

2. 专业定位分析

说明:(1)专业在相关科学技术领域中的定位;

(2)高职专业在高等教育、职业教育相关专业中的定位。

填写以下表格(见表4-1~表4-3)。

说明:(1)工业化阶段指专业依托的科学技术所处工业化的阶段;

(2)工业化阶段可分别用工业2.0、工业3.0、工业4.0表征。

表4-1 专业—职业岗位汇总表(常态教学)

序号	科学技术领域 (工业化阶段)	技术(职业)领域 (工业化阶段)	职业岗位	职业工作	可迁移职业岗位

表4-2 个性化学习方向选修建议表

序号	个性化学习方向	技术领域 (工业化阶段)	就业领域预期

表 4-3　因材施教教学方向选择建议表

序号	因材施教方向	选择的技术领域 （工业化阶段）	能力提升预期

三、技术与职业分析

1. 职业分析要点概述

说明：简要概述职业分析过程。

2. 典型工作任务汇总（填写以下表格，见表4-4）

说明：典型工作任务性质中的问题型、创新型、混合型，分别指是以解决问题为主，还是创新任务为主，或是两者兼而有之。

表 4-4　典型工作任务汇总表

专业名称			
专业技术 （职业）领域			
典型工作任务编号	典型工作任务名称 （工业化阶段）	典型工作任务性质 （问题型、创新型、混合型）	典型工作任务分类 （核心、选择、因材施教）
1			
2			
3			
…			

3. 典型工作任务学习难度范围（填写以下表格，见表4-5）

表 4-5　典型工作任务学习难度范围表

难度等级	典型工作任务编号	典型工作任务名称
难度Ⅰ		
难度Ⅱ		
难度Ⅲ		
难度Ⅳ		

四、专业—技术与职业分析汇总（填写以下表格，见表4-6）

表4-6 典型工作任务-支撑技能、知识汇总表

序号	典型工作任务名称	基本要求	支撑技术技能汇总（工业化阶段）	支撑知识（单元）汇总	是否为核心	是否为专业类所需
1	典型工作任务	知识： 技能： 素质：				
2	典型工作任务	知识： 技能： 素质：				
3	典型工作任务	知识： 技能： 素质：				
…	…	…				

五、专业课程体系设计

1. 培养目标

包括基本培养目标、个性化培养目标、因材施教培养目标。

2. 培养规格

包括基本培养规格、个性化培养规格、因材施教培养规格。

知识：（核心知识用*标识）

技术技能（核心技能用*标识）：

综合能力：

通用能力：

立德树人基本要求：

3. 课程汇总

1）项目课程（见表4-7）

表 4-7 项目课程（C 类课程）设计汇总表

序号	课程名称	课程目标	内容简介	课程性质（项目课程级别）*	课程学时	项目案例	典型工作任务	项目名称、数量	工业化阶段
1									
2									
…									

2）实训课程（见表 4-8）

表 4-8 实训课程（B 类课程）设计汇总表

技术技能（工业化阶段）	课程模块名称（是否核心）	课程名称	支持典型工作任务	技能点	知识点	必要说明

3）理论知识课程（见表 4-9）

表 4-9 理论知识课程（A 类课程）设计汇总表

课程名称	支撑典型工作任务的基本知识	基于课程的基本知识	知识点	内容简介

4. 专业课程体系基本结构

1）专业课程体系基本结构图

用结构图表达专业课程体系基本结构（可参见相关案例）。

2）专业课程体系中的课程模块

（1）公共课程模块；

（2）专业和专业类理论课程模块；

（3）专业和专业类技术技能课程模块（2~3门）（写出课程名称与环境）；

（4）专业课程模块（6~9门）（写出课程名称与环境）。

3）专业教学计划（见表4-10）

如设置不同专业方向，可用适当方式表达。

表4-10 专业教学计划表

课程类别	编号	课程名称	学分	学时分配			各学期学时分配						备注
				总学时	理论	实践	1	2	3	4	5	6	
公共基础（平台）课程	×××-1	××××××××											
	...	...											
	...	...			*								
		小计											
专业基本理论知识（平台）课程													
		小计											
专业基本技能训练（平台）课程													
		小计											
综合职业能力（项目）课程													
		小计											
毕业集中实践课程													
		小计											
		合计											

4）个性化、选择性模块课程

用适当方式（图表或阐述）表达个性化课程教学方案。

5）因材施教课程教学方案

用适当方式（图表或阐述）表达因材施教课程教学方案。

5. 核心或重点课程和教学活动简介

1）人才培养方案中核心课程简介

2）人才培养方案中个性化、因材施教课程或教学活动简介

6. 专业特色和优势

1）培养目标

2）立德树人

3）专业的科学技术水平

4）核心数字化技能

5）综合能力

（1）解决问题；

（2）创新；

（3）其他。

6）专业适应性设计

7）个性化学习设计

8）因材施教设计

9）以学生为中心教学设计

10）数字化教学资源设计或需求设计

11）其他

第 5 章 "光伏工程技术"专业课程开发案例

为更好地理解第 4 章的专业人才培养方案与课程开发规范本章给出"光伏工程技术"专业课程开发案例。

5.1 概述

5.1.1 专业与经济社会发展的关系概述

全球经济格局在迅猛发展的第四次工业革命与经济全球化浪潮的冲击下产生了前所未有的变动,科学技术的进步和资源环境的约束亦推动了世界产业结构的演进与升级。第一次工业革命与第二次工业革命均以能源的转型为基础,而今初萌芽的第四次工业革命将令能源产业面临着又一次的历史性转型。

光伏产业是中国进入 21 世纪后与美日、欧盟等发达国家站在同一起跑线的绿色产业,在生产制造环节中国已经成为全球第一,以光伏为代表的可再生能源及其多元化应用所构建的能源体系与产业结构,在近几十年的科技创新、基础设施完善、产品生态优化、国际竞争格局巨变等因素的催化作用下,正在逐步转型升级。

光伏产业转型升级凸显的技术聚合态势加速了传统岗位消失,新产业所创造的岗位需要复合性的技术专长与非认知性的技能,将对只具有低技能和单一技能的工人带来挑战。"光伏工程技术"专业将为高速发展的以光伏为代表的新能源、电子信息等产业群培养具有创新意识的高素质技术技能型人才，其具有的高复合、可持续发展、赋能升维的专业特质契合了工业 4.0 阶段的产业特征。同时因光伏作为重塑国家长期竞争力基础技术之一的新能源技术领域特性，"光伏工程技术"专业将更为关注对新型社会责任环境下人才价值观的养成，使其能够在产业演进进程中以更宏观的视角服务社会。

5.1.2 专业开发概述

2015 年修订的《普通高等学校高职高专教育指导性专业目录》中，电子信息类新增了"光伏工程技术（610117）"专业。为应对科学技术进步与产业结构调整对人才素质与能力要求的提升，"光伏工程技术"专业课程开发案例在全国高等院校计算机基础教育研究会高职高专专业委员会的指导下自 2016 年起开始进行多轮修订，先后在昆明、无锡、贵阳、杭州、上海召开了五次专业建设研讨会，对"光伏工程技术"专业开发规范进行优化，并进行专业教材的开发，逐渐形成了与前瞻产业用人诉求紧密关联的人才培养体系。

"光伏工程技术"专业以"专业（职业）调研—专业定位分析—技术与职业分析—专业课程体系设计"为思路进行专业开发规范的优化升级。新时代下"光伏工程技术"专业以支撑终身发展、适应时代要求的关键能力培养为重点，将不同知识与技术领域交叉融合，拓宽学生的视野，激发学生的创新思维，强化综合能力培养，创新高复合型人才培养路径。

5.2 专业定位分析

5.2.1 科学技术发展与行业产业应用背景分析

世界能源发展经历了从高碳到低碳、从低效到高效、从局部平衡到大范围配置的深刻变革,一个由可再生能源驱动的低碳未来正在逐渐清晰。可再生能源转型持续加速,全球光伏产业技术飞速发展,产业领域呈现出了累计太阳能装机容量增加、大型光伏电站趋多、屋顶分布式光伏系统增多、并网综合电价降低、太阳能电池组件寿命不断增长、硅材料消耗降低等指征;与此同时,电子信息、电力科学等技术领域的突破与推广,亦推进了"虚拟电厂"等能源互联网创新应用的发展。《智能光伏产业发展行动计划(2018—2020年)》的发布,将进一步指引我国光伏、新能源产业与互联网、大数据、人工智能产业的深度融合,向全球价值链高端迈进。

5.2.2 专业定位分析

1. 专业在相关科学技术领域中的定位

"光伏工程技术"专业服务于国家能源战略,其诞生于新能源与电子信息技术领域蓬勃发展时期,并延展了电力科学与高效节能技术领域,具有技术领域高融合的典型专业特质。

"光伏工程技术"专业处于工业 3.0 向工业 4.0 演进阶段,专业相关科学领域技术依赖且建立于数字系统,随着技术、商业模式与竞争结构的发展,行业将有 35% 的技能发生改变,产业对于从业人员的岗位迁移力与面向技术升级的持续发展能力诉求更为凸显,更为重视解决实际问题的能力、管理能力与创新能力。

2. 专业在高等教育、职业教育相关专业中的定位

新时代下"光伏工程技术"专业开发充分考虑中、高等职业教育以及高等教育光伏、新能源类专业的衔接，在培养目标的设计上层次清晰。基于对主干学科、主干技术、技术应用领域、职业应用领域、核心知识、能力等多维度的剖析，可续接本科电子信息工程、新能源科学与工程、电气工程与智能控制等专业。高职"光伏工程技术"专业培养目标要求培养掌握光伏工程技术专业知识和技术技能，面向工程项目设计、工程项目管理与实施、工程项目运维、应用系统（产品）开发、商务营销领域等职业领域，能够从事光伏应用产品的生产、销售、技术服务以及光伏发电工程的设计施工、运行维护、工程管理等工作的高素质技术技能型人才。

专业—职业岗位汇总（常态教学）见表5-1。

个性化学习方向是指在专业教学计划基础上增加的个性化学习课程模块，每个模块由2~3门课程组成。这些课程模块与专业关联度较高，能够拓展专业对应的就业领域。模块课程教学以教师指导、学生通过线上资源平台进行在线学习为主，课程难度与专业核心课程相当。各院校可根据区域的行业特点以及专业定位的差别，调整和补充个性化学习方向课程模块。

个性化学习方向选修建议见表5-2。

表 5-1 专业—职业岗位汇总表（常态教学）

序号	科学技术领域（工业化阶段）	技术（职业）领域（工业化阶段）	职业岗位 初始岗位	职业岗位 发展岗位	职业工作	可迁移职业岗位
1	（1）可再生清洁能源技术；（2）高效节能技术；（3）电子信息技术（专业依托的技术所处的工业化阶段界于工业3.0向工业4.0演进阶段）	工程项目设计领域（3.0~4.0）	调研员 项目助理	光伏工程设计师 智能微网设计师	协助完成工程项目需求调研测勘，通过分析工具完成工程项目评估，编制项目设计方案	系统分析员
2		工程项目管理与实施领域（3.0）	施工员	光伏系统工程师 项目管理工程师 项目经理	协助完成工程项目管理；能够完成光伏工程项目实施，完成对工程项目的部署与联调；能够负责光伏系统及应用项目现场的管理协调工作	系统集成工程师
3		工程项目运维领域（3.0~4.0）	光伏工程技术员	光伏运维工程师 售后工程师	完成光伏工程项目的运行维护管理，完成项目设备日常维护保养、故障巡查、完成对项目系统运行的效能监测、评估、优化联调	电力运维工程师
4		应用（产品）开发领域（3.0~4.0）	软件开发技术员 电子工程师助理 测试员/技术员	电力电子硬件工程师 电子工程师 单片机开发工程师 嵌入式开发工程师 测试工程师 工艺工程师	完成小型光伏应用产品的设计与开发，完成光伏产品的调试与检测工作	电气设计工程师 产品经理
5		商务营销领域（3.0）	商务助理 销售助理	售前工程师 营销经理	能够运用能源经济评价指标及合同能源管理等多种方案化机制为用户提供解决方案，完成新能源项目或产品的市场开拓、营销与商务合作工作	碳资产交易员 碳排放核查员

表 5-2　个性化学习方向选修建议表

序号	个性化学习方向	技术领域（工业化阶段）	就业领域预期
1	项目 kd 评估	工程项目设计领域（3.0~4.0）	工程项目评估领域
2	项目勘测		工程测量领域
3	智能化运维	工程项目运维领域（3.0~4.0）	工业智能化应用领域
4	光伏应用系统开发	应用系统（产品）开发领域（3.0~4.0）	软件开发领域
5	电气自动化	应用系统（产品）开发领域（3.0~4.0）	自动控制领域
6	电子商务	商务营销领域（3.0）	电子商务领域

因材施教教学方向的人才培养主要通过教学活动实现，如技能大赛、双师带徒、创新工坊等形式，给予有特长与天赋的学生在本专业领域更多的学习和提升机会，这些更为深入和丰富的课程和教学活动可实现本专业拔尖人才和创新人才的培养目标。各院校可根据区域特色、学生特长差别以及院校办学特色等情况，开设更多的因材施教方向教学，丰富人才培养结构。

因材施教教学方向选择建议见表 5-3。

表 5-3　因材施教教学方向选择建议表

序号	因材施教方向	选择的技术领域（工业化阶段）	能力提升预期
1	能源规划设计	工程项目设计领域（3.0~4.0）	能够独立完成建筑群或区域的能源规划，并撰写设计报告
2	光伏工程项目监理	工程项目管理与实施领域（3.0）	能够胜任光伏工程项目监理工作，并完成监理报告
3	运维数据分析	工程项目运维领域（3.0~4.0）	能够对运维数据进行分析，并进行可视化展示；能够建立简单的分析模型
4	工业设计（产品外观）	应用系统（产品）开发领域（3.0~4.0）	能够独立完成产品设计图纸

5.3 技术与职业分析

5.3.1 职业分析要点概述

"光伏工程技术"专业课程体系开发基于"专业(职业)调研—专业定位分析—技术与职业分析—专业课程体系设计"的开发思路。职业分析是专业课程开发的依据,通过对光伏产业全过程进行调研,专业面向的技术领域与高职毕业生的主要工作岗位分析等一系列调研分析,"光伏工程技术"专业确定明确的职业岗位定位,从专业定位的职业岗位中选取实践专家,召开实践专家职业分析研讨会,通过头脑风暴的方式讨论提取"光伏工程技术"专业主要面向的职业岗位中的典型工作任务,并对典型工作任务进行详细描述、归纳汇总,为后续专业培养目标与规格的确定、专业课程的转化与构建课程体系奠定了坚实的基础。

5.3.2 典型工作任务汇总

典型工作任务汇总见表 5-4。

表 5-4 典型工作任务汇总表

专业名称	光伏工程技术		
专业技术 (职业)领域	工程项目设计领域(3.0~4.0)		
典型工作 任务编号	典型工作任务名称	典型工作任务性质 (问题型、创新型、混合型)	典型工作任务分类(核心、选择、因材施教)
REE-01A	光伏工程项目需求调研	问题型	核心
REE-02D	光伏工程项目设计	混合型	核心
专业技术 (职业)领域	工程项目管理与实施领域(3.0)		

续表

专业名称	光伏工程技术		
典型工作任务编号	典型工作任务名称	典型工作任务性质（问题型、创新型、混合型）	典型工作任务分类（核心、选择、因材施教）
REE-03B	光伏工程项目现场管理	混合型	核心
REE-04B	光伏发电工程安装实施	问题型	核心
REE-05B	光伏发电工程调试	问题型	核心
专业技术（职业）领域	应用系统（产品）开发领域（3.0~4.0）		
典型工作任务编号	典型工作任务名称	典型工作任务性质（问题型、创新型、混合型）	典型工作任务分类（核心、选择、因材施教）
REE-06C	光伏电子产品开发	创新型	核心
REE-07C	光伏系统（产品）测试	问题型	核心
专业技术（职业）领域	工程项目运维领域（3.0-4.0）		
典型工作任务编号	典型工作任务名称	典型工作任务性质（问题型、创新型、混合型）	典型工作任务分类（核心、选择、因材施教）
REE-08B	光伏发电工程检测运维	问题型	核心
REE-09D	智能微电网工程项目实施运维	混合型	核心
专业技术（职业）领域	商务营销领域（3.0）		
典型工作任务编号	典型工作任务名称	典型工作任务性质（问题型、创新型、混合型）	典型工作任务分类（核心、选择、因材施教）
REE-10A	新能源（光伏）产品/项目营销支持	问题型	核心
REE-11A	新能源（光伏）产品/项目营销推广	问题型	核心

5.3.3 典型工作任务学习难度范围

典型工作任务学习难度范围见表5-5。

表 5-5 典型工作任务学习难度范围表

难度等级	典型工作任务编号	典型工作任务名称
难度Ⅰ	REE-01A REE-10A REE-11A	光伏工程项目需求调研 新能源（光伏）产品/项目营销支持 新能源（光伏）产品/项目营销推广
难度Ⅱ	REE-03B REE-04B REE-05B REE-08B	光伏工程项目现场管理 光伏发电工程安装实施 光伏发电工程调试 光伏发电工程检测运维
难度Ⅲ	REE-06C REE-07C	光伏电子产品开发 光伏系统（产品）测试
难度Ⅳ	REE-02D REE-09D	光伏工程项目设计 智能微电网工程项目实施运维

5.3.4 典型工作任务描述

典型工作任务分析记录表见表5-6~表5-16。

表 5-6 典型工作任务分析记录表（REE-01A）

专业名称	光伏工程技术	
专业技术领域	工程项目设计领域	
（典型工作任务编号）REE-01A	（典型工作任务名称）光伏工程项目需求调研	
典型工作任务描述： 工作岗位：光伏工程项目需求调研岗 工作任务内容：光伏工程项目准备阶段的调研评估 工作过程： （1）获取光伏工程项目调研任务、根据光伏工程项目开发规划编制调研评估方案； （2）进行资料搜集和数据整理，对数据资料进行初步统计和分析； （3）项目地环境考察，项目数据采集； （4）对光伏工程项目进行初步的技术经济分析，形成初步调研报告		
工作环境描述		
工作资源工具（设施、器材、材料等）： （1）计算机及相关软件； （2）城市规划图、地形图； （3）GPS 定位仪、卷尺、光照仪。 工作方法： （1）走访调查； （2）规划、统计、档案部门资料查阅； （3）实地勘察、实地实验； （4）数据统计、计算机建模	组织方式（劳动组织形式）： 根据分工和协作的要求，采用项目团队制（项目部）的劳动组织形式。 岗位名称：光伏项目调研员 工作形式：独立作业 工作时间：八小时工作制 上级：光伏工程项目经理 协同：光伏工程项目设计师、新能源（光伏）项目营销专员	工作现场、工作要求： 工作现场： （1）工地（项目地现场）； （2）办公室。 工作要求： （1）工作态度认真严谨； （2）调研数据准确、完整、真实； （3）实验设计合理，选址合适； （4）数据统计分析精确、完整； （5）分析评估全面、准确、结论合理
基础支持（支撑的技术、知识、技能等）： （1）掌握工程制图及 CAD 基础知识，具有 CAD 工程图纸的识图制图能力； （2）掌握光伏发电等新能源定义、分类及各类新能源原理知识； （3）掌握光伏发电系统、分布式能源/智能微电网的体系结构、分类知识； （4）掌握光伏发电等新能源能效检测与评估知识； （5）具有通过工具或途径进行信息数据搜索、筛选、归类、汇总的能力； （6）具有光伏/新能源项目解决方案、设计报告等文档撰写及处理能力。 理论、实践能力提升预期： 独立完成项目经理安排的调研任务		

表 5-7 典型工作任务分析记录表（REE-02D）

专业名称	光伏工程技术
专业技术领域	工程项目设计领域
（典型工作任务编号）REE-02D	（典型工作任务名称）光伏工程项目设计

典型工作任务描述：
工作岗位：光伏工程项目设计岗
工作任务内容：光伏电站系统设计工作
工作过程：
（1）获取光伏工程项目系统规划设计与项目开发计划，进行系统技术指标、规格详细设计；
（2）根据系统详细设计资料，进行设备、部件选型和验证；
（3）根据系统设计搭建系统原型，开发系统原型运行程序；
（4）进行应用系统的运行环境调试等；
（5）对系统开发过程中的数据记录、分析结论及相关文档文献资料进行整理归档

工作环境描述		
工作资源工具（设施、器材、材料等）： （1）计算机及相关软件； （2）工程图纸； （3）照相机、摄像机。 工作方法： （1）组织、协调管理； （2）监督、检查、评估	组织方式（劳动组织形式）： 根据分工和协作的要求，采用项目团队制（项目部）的劳动组织形式。 岗位名称：光伏工程现场设计专员 工作形式：独立作业 工作时间：八小时工作制 上级：光伏工程项目经理 下级：光伏工程施工员	工作现场、工作要求： 工作现场： （1）工程现场（工地）； （2）办公室。 工作要求： （1）具有全局观，工作态度认真严谨； （2）工作安排科学合理；现场管理严格、负责； （3）进度管理严谨、精确

基础支持（支撑的技术、知识、技能等）：
（1）掌握工程制图及 CAD 基础知识，具有 CAD 工程图纸的识图制图能力；
（2）掌握光伏发电系统、分布式能源/智能微电网的体系结构、分类知识；
（3）掌握光伏发电系统原理、设备选型、安装、调试等知识；具有光伏发电系统设备选型、安装、调试、运行维护的能力；
（4）掌握光伏系统工程设计电气知识、土建知识；
（5）掌握光伏系统工程技术经济分析知识、预决算知识；
（6）掌握光伏系统工程设计规范、标准、法律、法规；
（7）具有光伏/新能源项目解决方案、设计报告等文档撰写及处理能力。
理论、实践能力提升预期：
能够独立完成光伏电站的设计方案

表 5-8 典型工作任务分析记录表（REE-03B）

专业名称	光伏工程技术	
专业技术领域	工程项目管理与实施领域	
（典型工作任务编号）REE-03B	（典型工作任务名称）光伏工程项目现场管理	
典型工作任务描述： 工作岗位：光伏工程项目现场管理岗 工作任务内容：光伏项目实施阶段的现场管理 工作过程： (1) 熟悉工程现场环境，开展准备工作； (2) 根据光伏工程项目需求、施工计划展开施工现场管理工作； (3) 负责现场施工阶段各项目的阶段性验收工作； (4) 对光伏工程项目的全过程的进度管理、质量管理、安全管理、费用管理、信息文档管理和组织协调工作； (5) 参与光伏工程项目竣工验收		
工作环境描述		
工作资源工具（设施、器材、材料等）： (1) 计算机及相关软件； (2) 工程图纸； (3) 照相机、摄像机。 工作方法： (1) 组织、协调管理； (2) 监督、检查、评估	组织方式（劳动组织形式）：根据分工和协作的要求，采用项目团队制（项目部）的劳动组织形式。 岗位名称：光伏工程现场管理专员 工作形式：独立作业 工作时间：八小时工作制 上级：光伏工程项目经理 下级：光伏工程施工员	工作现场、工作要求 工作现场： (1) 工程现场（工地）； (2) 办公室。 工作要求： (1) 具有全局观，工作态度认真严谨； (2) 工作安排科学合理；现场管理严格、负责； (3) 进度管理严谨、精确
基础支持（支撑的技术、知识、技能等）： (1) 掌握电工基础知识、机械基础及电子电力技术相关知识； (2) 了解电子元器件的原理及特性，具有电子线路图及产品图纸的识图能力； (3) 掌握工程制图及 CAD 基础知识，具有 CAD 工程图纸的识图制图能力； (4) 掌握光伏发电系统、分布式能源/智能微电网的体系结构、分类知识，具有光伏发电系统、分布式能源/智能微电网的选型、质量检查、部署、运行维护能力； (5) 掌握感知与识别技术知识，具有传感器设备选型、安装、调试能力； (6) 掌握工程项目管理、施工管理、安全生产管理知识； (7) 了解光伏发电等新能源项目施工步骤，熟悉项目施工流程，有组织管理和协调能力； (8) 具备通过工具检测评估新能源各系统、部件、组件、施工质量的能力。 理论、实践能力提升预期： 光伏工程现场施工管理，包括材料管理、人员管理、工具管理、施工过程管理及监督等综合能力		

表 5-9　典型工作任务分析记录表（REE-04B）

专业名称	光伏工程技术
专业技术领域	工程项目管理与实施领域
（典型工作任务编号）REE-04B	（典型工作任务名称）光伏发电工程安装实施

典型工作任务描述：
工作岗位：光伏工程施工岗
工作任务内容：光伏项目实施阶段的施工安装
工作过程：
(1) 熟悉施工图纸和施工方案，在管理专员的组织下做好施工准备；
(2) 初步检查光伏设备的完好性，设备质量初步检查；
(3) 完成项目工程设备安装，调试部署、自检；
(4) 配合项目系统联调、试运行等工作

工作环境描述：		
工作资源工具（设施、器材、材料等）： (1) 计算机及相关软件； (2) 工程图纸； (3) 各类施工机具和测量工具。 工作方法： (1) 现场实施； (2) 协同配合	组织方式（劳动组织形式）：根据分工和协作的要求，采用项目团队制（项目部）的劳动组织形式。 岗位名称：光伏工程实施工程师 工作形式：独立/协同作业 工作时间：八小时工作制 上级：光伏工程现场管理专员	工作现场、工作要求： 工作现场： (1) 工程现场（工地）； (2) 办公室。 工作要求： (1) 工作态度认真严谨； (2) 工程实施专业安全

基础支持（支撑的技术、知识、技能等）：
(1) 掌握电工基础知识、机械基础及电子电力技术相关知识；
(2) 熟悉电子元器件的原理及特性，具有电子线路图及产品图纸的识图、绘图、分析能力；
(3) 具有使用机械设备进行简单机械加工、机械零部件安装的能力；
(4) 掌握工程制图及CAD基础知识，具有CAD工程图纸的识图制图能力；
(5) 掌握感知和识别技术，具有传感器设备选型、安装、调试能力；
(6) 掌握PLC技术知识，具有使用PLC进行产品性能评估、编程测试，实现部件控制、信号采集、通信、故障排查的能力；
(7) 掌握C语言、单片机、嵌入式开发等基础知识，具有C语言、单片机、嵌入式系统开发与编程能力；
(8) 掌握光伏发电系统原理、设备选型、安装、调试等知识；具有光伏发电系统设备选型、安装、调试、运行维护的能力；
理论、实践能力提升预期：
光伏设备安装调试及部署能力，具有独立完成项目施工、具备检测光伏项目施工质量的能力

表5-10 典型工作任务分析记录表（REE-05B）

专业名称		光伏工程技术	
专业技术领域		工程项目管理与实施领域	
（典型工作任务编号）REE-05B		（典型工作任务名称）光伏发电工程调试	
典型工作任务描述： 工作岗位：光伏发电项目部署调试岗 工作任务内容：光伏发电项目实施阶段的调试、运行、验收 工作过程： (1) 熟悉施工图纸和施工方案，进行调试检测的组织准备工作； (2) 根据系统结构、安装工艺、质量控制要点、质量标准、验收规范等要求进行调试、检测、记录、封箱等； (3) 进行系统孤岛试运行，同时进行带负载运行试验、系统并网试验等； (4) 对调试、检测、试运行过程中的数据记录、分析结论及相关文档文献资料进行整理归档			
工作环境描述			
工作资源工具（设施、器材、材料等）： (1) 计算机及相关软件； (2) 工程图纸； (3) 各类调试机具和测量工具。 工作方法： (1) 现场实施、协同联调； (2) 日志记录、评估分析	组织方式（劳动组织形式）： 根据分工和协作的要求，采用项目团队制（项目部）的劳动组织形式。 岗位名称：光伏工程技术员 工作形式：独立作业 工作时间：八小时工作制 上级：光伏工程项目经理		工作现场、工作要求： 工作现场： (1) 工程现场（工地）； (2) 办公室。 工作要求： (1) 具有全局观，工作态度认真负责； (2) 现场实施严格、负责； (3) 系统部署安全成熟； (4) 资料、数据收集精确完整
基础支持（支撑的技术、知识、技能等）： (1) 掌握电工基础知识、机械基础及电子电力技术相关知识； (2) 熟悉电子元器件的原理及特性，具有电子线路图及产品图纸的识图、绘图、分析能力； (3) 掌握C语言、单片机、嵌入式开发等基础知识，具有C语言、单片机、嵌入式系统开发与编程能力； (4) 掌握工程制图及CAD基础知识，具有CAD工程图纸的识图制图能力； (5) 掌握感知和识别技术，具有传感器设备选型、安装、调试能力； (6) 掌握PLC技术知识，具有使用PLC进行产品性能评估、编程测试，实现部件控制、信号采集、通信、故障排查的能力； (7) 掌握供配电基础知识，具有电工进网作业能力； (8) 掌握光伏发电系统、分布式能源的体系结构、分类知识，具有光伏发电系统、分布式能源设备选型、安装、调试、运行维护的能力； (9) 掌握智能微电网的构成和主要设备知识，具有智能微电网设备选型、安装、调试、运行维护的能力； 理论、实践能力提升预期： 光伏设备调试及故障解决能力，具备检测光伏项目施工质量的能力			

表 5-11 典型工作任务分析记录表（REE-06C）

专业名称	光伏工程技术
专业技术领域	应用系统（产品）开发领域
（典型工作任务编号）REE-06C	（典型工作任务名称）光伏电子产品开发

典型工作任务描述：
工作岗位：光伏应用产品开发岗
工作任务内容：光伏应用产品（元器件级/小型应用）设计开发
工作过程：
(1) 获取光伏应用产品规划设计与项目开发计划，进行系统技术指标、规格详细设计；
(2) 根据产品详细设计资料，进行备件、部件选型和验证；
(3) 根据产品设计搭建设备样机；
(4) 按照产品详细设计，开发样机运行程序；
(5) 对样机进行联机调试；
(6) 配合设备的中试、批量生产

工作环境描述		
工作资源工具（设施、器材、材料等）： (1) 计算机及相关软件； (2) 各类调试机具和测量工具。 工作方法： (1) 需求分析法； (2) 协同工作法； (3) 自主学习	组织方式（劳动组织形式）： 根据分工和协作的要求，采用项目团队制（项目部）的劳动组织形式。 岗位名称：光伏产品开发工程师 工作形式：独立或协同作业 工作时间：八小时工作制 上级：新能源产品经理	工作现场、工作要求： 工作现场： 办公室。 工作要求： (1) 工作态度认真负责； (2) 系统开发严谨科学； (3) 了解领域前沿技术

基础支持（支撑的技术、知识、技能等）：
(1) 掌握模拟电路、数字电路等基础知识；
(2) 掌握工程制图及 CAD 基础知识；
(3) 熟悉电子元器件的原理及特性，具有电子线路图及产品图纸的识图、绘图、分析能力；
(4) 掌握电子线图制图与制板知识，具有电子线路板绘图与制板能力，能够制作实验室样机；
(5) 具有常用电子测量仪器仪表使用能力；
(6) 掌握感知和识别技术知识，具有传感器设备选型、安装、调试能力；
(7) 掌握 C 语言、单片机基础知识，具有单片机开发与编程能力；
(8) 掌握 PLC 技术知识，具有 PLC 电子线路板设计、编程能力。
理论、实践能力提升预期
熟悉产品开发流程，能够根据需求，独立或协同开发光伏某一电子产品的开发工作

表 5-12 典型工作任务分析记录表（REE-07C）

专业名称	光伏工程技术
专业技术领域	应用系统（产品）开发领域
（典型工作任务编号）REE-07C	（典型工作任务名称）光伏系统（产品）测试

典型工作任务描述： 工作岗位：光伏系统（产品）测试岗 工作任务内容：光伏项目应用系统或产品的测试调试检验 工作过程： (1) 获取光伏项目或产品规划设计与项目开发计划，熟悉系统技术指标、规格详细设计； (2) 根据详细设计资料，进行产品测试和验证； (3) 根据设计的需求规划、技术指标、规格进行测试和检测，形成系统测试报告； (4) 进行回归测试，协助系统开发工程师完成系统的改进； (5) 配合系统的实施部署或产品的中试、批量生产		
工作环境描述		
工作资源工具（设施、器材、材料等）： (1) 计算机及相关软件； (2) 各类调试机具和测量工具。 工作方法： (1) 需求分析法； (2) 协同工作法； (3) 比对法； (4) 自主学习	组织方式（劳动组织形式）： 根据分工和协作的要求，采用项目团队制（项目部）的劳动组织形式。 岗位名称：光伏测试工程师 工作形式：独立或协同作业 工作时间：八小时工作制 上级：新能源产品经理	工作现场、工作要求： 工作现场： (1) 工程现场（工地）； (2) 办公室。 工作要求： (1) 工作态度认真负责； (2) 测试方法设计合理； (3) 数据统计分析精确、完整； (4) 测试报告全面、准确，结论合理
基础支持（支撑的技术、知识、技能等）： (1) 掌握模拟电路、数字电路等基础知识，具有常用电子测量仪器仪表使用能力，具有电子线路分析能力； (2) 掌握电工基础知识、机械基础及电子电力技术相关知识； (3) 熟悉电子元器件的原理及特性； (4) 掌握电子线图制图与制板知识，具有电子线路板绘图与制板能力，能够制作实验室样机； (5) 掌握工程制图及 CAD 基础知识； (6) 了解光伏发电系统、分布式能源/智能微电网的体系结构、分类知识； (7) 掌握新能源电子产品主要参数指标及检测方法，具有新能源系统调试及检测能力； (8) 熟练掌握电子元器件的特性及检测方法，能够正确测量电子元器件各参数特性； (9) 掌握单片机、C 语言、嵌入式开发等基础知识，具有对 PLC、单片机、嵌入式开发系统进行产品性能评估能力。 理论、实践能力提升预期： 熟悉产品测试流程和方法，能够完成光伏新产品的测试工作		

表 5-13 典型工作任务分析记录表（REE-08B）

专业名称	光伏工程技术
专业技术领域	工程项目运维领域
（典型工作任务编号）REE-08B	（典型工作任务名称）光伏发电工程检测运维

典型工作任务描述：
工作岗位：光伏发电工程检测维修岗
工作任务内容：光伏工程项目运行阶段的日常检测检修及维修管理
工作过程：
(1) 获取光伏工程项目检修、运维任务，制订运维检修计划；
(2) 根据检修计划对新能源系统进行定期检修；
(3) 对光伏工程系统故障进行检测、维修和故障排除；
(4) 根据光伏工程系统运行故障应急预案和系统安全事故应急预案进行定期演练；
(5) 配合相关部门进行各项检查

工作环境描述		
工作资源工具（设施、器材、材料等）： (1) 计算机及相关软件； (2) 各类调试机具和测量工具； (3) 各种维护、检测、维修工具。 工作方法： (1) 现场实施，协同工作； (2) 日志记录、评估分析	组织方式（劳动组织形式）：根据分工和协作的要求，采用班组制的劳动组织形式。 岗位名称：光伏工程检测工程师 工作形式：独立或协同作业 工作时间：三班制 上级：运维经理	工作现场、工作要求： 工作现场： (1) 工程现场（工地）； (2) 办公室。 工作要求： (1) 具有全局观，工作态度认真负责； (2) 检测工作严谨、科学； (3) 资料、数据采集归纳精确完整

基础支持（支撑的技术、知识、技能等）：
(1) 掌握电工基础知识、机械基础及电子电力技术相关知识；
(2) 熟悉电子元器件的原理及特性，具有电子线路图及产品图纸的识图、绘图、分析能力；
(3) 具有使用机械设备进行简单机械加工、机械零部件安装的能力；
(4) 掌握 C 语言、单片机、嵌入式开发等基础知识，具有 C 语言、单片机、嵌入式系统开发与编程能力；
(5) 掌握感知和识别技术知识，具有传感器设备选型、安装、调试能力；
(6) 掌握 PLC 技术知识，具有使用 PLC 进行产品性能评估、编程测试，实现部件控制、信号采集、通信、故障排查的能力；
(7) 掌握供配电基础知识，具有电工进网作业能力；
(8) 掌握光伏发电系统的体系结构、分类知识，具有光伏发电系统设备选型、安装、调试、运行维护的能力。
理论、实践能力提升预期：
熟悉光伏发电工程检测流程，能够根据工程检测流程完成检测项目，并具备工程运营维护能力

表 5-14 典型工作任务分析记录表（REE-09D）

专业名称	光伏工程技术
专业技术领域	项目运维领域
（典型工作任务编号）REE-09D	（典型工作任务名称）智能微电网工程项目实施运维

典型工作任务描述：
工作岗位：智能微电网工程项目实施运维岗
工作任务内容：智能微电网工程项目运行联调和运行阶段的维护运营、日常管理
工作过程：
(1) 获取智能微电网工程项目，进行资料调研和环境调研，编制调研评估方案，提出项目实施方案，制订实施计划；
(2) 熟悉施工图纸和施工方案，组织实施准备工作；
(3) 根据智能微电网工程施工需求，施工计划展开现场施工管理工作；
(4) 对智能微电网项目的全过程进行进度管理、质量管理、安全管理、费用管理、文档管理和协调工作；
(5) 获取智能微电网项目运维任务，制订运行维护计划，根据运行维护计划对智能微电网项目的各项设备及保护装置进行运行期间的维护、监管和运行记录；
(6) 根据运维计划对智能微电网系统关键部位和主要设备进行日常例行检查和保养，确保智能微电网系统安全稳定运行；
(7) 编制智能微电网项目系统运行故障应急预案和系统安全事故应急预案，并根据预案进行定期演练；
(8) 配合相关部门进行各项检查

工作环境描述		
工作资源工具（设施、器材、材料等）： (1) 计算机及相关软件； (2) 各类调试机具和测量工具； (3) 各种维护、检测、维修工具。 工作方法： (1) 现场实施、协同工作； (2) 日志记录、评估分析	组织方式（劳动组织形式）： 根据分工和协作的要求，采用班组制的劳动组织形式。 岗位名称：智能微网运维工程师 工作形式：独立或协同作业 工作时间：三班制 上级：运维经理	工作现场、工作要求： 工作现场 (1) 工程现场（工地）； (2) 办公室。 工作要求： (1) 具有全局观，工作态度认真负责； (2) 运维计划制定严谨、科学； (3) 资料、数据采集归纳精确完整

基础支持（支撑的技术、知识、技能等）：
(1) 掌握电工基础知识、机械基础及电子电力技术相关知识；
(2) 熟悉电子元器件的原理及特性，具有电子线路图及产品图纸的识图、绘图、分析能力；
(3) 掌握C语言、单片机、嵌入式开发等基础知识，具有C语言、单片机、嵌入式系统开发与编程能力；
(4) 掌握感知和识别技术知识，具有传感器设备选型、安装、调试能力；
(5) 掌握PLC技术知识，具有使用PLC进行产品性能评估、编程测试，实现部件控制、信号采集、通信、故障排查的能力；
(6) 掌握供配电基础知识，具有电工进网作业能力；
(7) 掌握智能微电网的构成和主要设备知识，具有智能微电网设备选型、安装、调试、运行维护的能力。
理论、实践能力提升预期：
熟悉智能微电网日常检查流程，能够根据工作流程完成日常设备检查项目，并具备日常设备维护能力

表 5-15 典型工作任务分析记录表（REE-10A）

专业名称		光伏工程技术	
专业技术领域		商务营销领域	
（典型工作任务编号）REE-10A		（典型工作任务名称）**新能源（光伏）产品/项目营销支持**	
典型工作任务描述： 工作岗位：新能源营销支持岗 工作任务内容：新能源（光伏）项目/产品营销推广和售后过程中的技术支持和营销支持 工作过程： (1) 根据新能源（光伏）系统或新能源（光伏）产品的开发、设计、安装、调试等过程文件档案资料进行售后服务和技术支持的准备工作； (2) 配合新能源（光伏）系统运行维护人员和市场开发推广人员，提供技术支持； (3) 根据新能源（光伏）系统的相关技术资料编制系统说明书、设备操作规程、常见故障的排查与解决； (4) 根据技术服务过程中的问题和建议，进行新能源系统的优化分析和改进完善，并反馈至新能源项目开发和设计工作人员			
工作环境描述			
工作资源工具（设施、器材、材料等）： (1) 计算机及相关软件； (2) 城市规划图、地形图； (3) GPS 定位仪、卷尺、光照仪。 工作方法： (1) 需求分析法； (2) 实地勘察、实地实验； (3) 文案制作、方案制作		组织方式（劳动组织形式）：根据分工和协作的要求，采用班组制的劳动组织形式。 岗位名称：新能源销售支持工程师 工作形式：独立或协同作业 工作时间：八小时工作制 上级：销售支持经理	工作现场、工作要求： 工作现场： (1) 工程现场（工地）； (2) 办公室。 工作要求： (1) 具有全局观，工作态度认真负责； (2) 解决方案形成能力强； (3) 具有成本意识
基础支持（支撑的技术、知识、技能等）： (1) 掌握工程制图及 CAD 基础知识，具有 CAD 工程图纸的识图制图能力； (2) 了解光伏发电等新能源定义、分类及各类新能源原理知识； (3) 熟悉光伏发电系统、分布式能源/智能微电网的体系结构、分类知识，具备通用新能源设备/产品的选型能力； (4) 熟悉智能微电网的构成和主要设备知识，熟悉智能微电网分布式电源及储能、控制、运行技术； (5) 掌握光伏发电等新能源能效检测与评估知识； (6) 具有光伏/新能源项目解决方案、设计报告等文档撰写及处理能力。			
理论、实践能力提升预期： 熟悉新能源产品特性，熟悉新能源工程项目实施、运维概况，能够提供简单的新能源项目成本核算能力，具备系统营销体系知识，能够承担营销推广职责			

表 5-16 典型工作任务分析记录表（REE-11A）

专业名称	光伏工程技术
专业技术领域	商务营销领域
（典型工作任务编号）REE-11A	（典型工作任务名称）**新能源（光伏）产品/项目营销推广**

典型工作任务描述：
工作岗位：新能源（光伏）产品/项目营销推广 工作任务内容：新能源（光伏）产品/项目的营销推广和市场开发 工作过程： (1) 根据新能源（光伏）系统或新能源（光伏）产品的开发、设计、安装、调试等过程文件档案资料进行市场推广准备工作； (2) 利用市场营销知识挖掘新能源（光伏）系统或新能源（光伏）产品的优势、特点、创新点等，编制完善市场推广营销方案； (3) 根据目标区域或目标客户的能源需求、资源利用条件、能源开发制约因素等客观条件，开展有针对性的因地制宜的新能源（光伏）系统或产品的市场营销活动； (4) 开拓潜在市场，挖掘潜在客户，在新能源项目开发规划人员的协助下，争取新客户； (5) 配合运行维护人员和售后服务人员，维护客户关系，对紧急突发事件进行统筹组织，并提供解决方案

工作环境描述		
工作资源工具（设施、器材、材料等）： 计算机及相关软件。 工作方法： (1) 需求分析法； (2) 工作协同分工； (3) 工作盘点法	组织方式（劳动组织形式）： 根据分工和协作的要求，采用班组制的劳动组织形式。 岗位名称：新能源营销专员 工作形式：独立或协同作业 工作时间：八小时工作制 上级：营销经理	工作现场、工作要求： 工作现场： (1) 工程现场（工地）； (2) 办公室。 工作要求： (1) 具有全局观，工作态度认真负责； (2) 解决方案形成能力强； (3) 具有成本意识

基础支持（支撑的技术、知识、技能等）：
(1) 了解光伏发电等新能源定义、分类及各类新能源原理知识； (2) 具备综合运用新能源系统知识、各项能源项目评估指标娴熟完成营销流程的能力； (3) 了解光伏发电等新能源能效检测与评估知识； (4) 掌握合同能源管理知识，具有合同能源方案解决能力； (5) 熟悉光伏发电系统、分布式能源/智能微电网的体系结构、分类知识，熟悉智能微电网的构成和主要设备知识； (6) 具有光伏/新能源项目解决方案、设计报告等文档撰写及处理能力； (7) 了解新能源领域相关法律法规，具有相关法律法规资料查询、检索、归纳、整理能力； (8) 具有制订销售计划、销售策略的能力； (9) 掌握销售分析的方法和工作程序，具有销售数据分析和客户资料管理的能力； (10) 熟悉销售管理、客户关系管理基本知识。 理论、实践能力提升预期： 通过继续学习及工作经验累积，具备新能源产品营销理念，承担新能源产品及工程的营销管理职责

5.4 专业一技术与职业分析汇总

典型工作任务支撑技能、知识汇总见表 5-17。

表 5-17 典型工作任务支撑技能、知识汇总表

序号	典型工作任务名称	基本要求	支撑技术技能（工业化阶段）	支撑知识（单元）	是否为核心	是否为专业类所需
1	光伏工程项目需求调研	知识： (1) 掌握工程制图及 CAD 基础知识； (2) 掌握光伏发电等新能源及各类新能源原理知识； (3) 掌握光伏发电系统、分布式能源/智能微电网的体系结构、分类知识； (4) 掌握光伏发电等新能源效检测与评估知识。 技能： (1) 具有 CAD 工程图纸的识图绘制能力； (2) 具有通过工具或途径进行信息数据搜索、筛选、归类、汇总的能力； (3) 具有光伏新能源项目解决方案、设计报告等文档撰写及产品处理能力，理论、实践能力提升预期； 独立完成项目经理安排的调研任务	(1) 具有 CAD 工程图纸的识图绘制能力；(3.0) (2) 具有常用电子测量仪器仪表使用能力；(3.0) (3) 具有通用新能源设备/产品的选型、质量检查、部署、运行维护能力；(3.0) (4) 具有电工进网作业能力；(3.0) (5) 熟悉电子元器件的原理及特性，具有电子线路图及产品图纸的识图、绘图、分析能力。(3.0)	(1) 掌握光伏发电等新能源定义、分类及各类新能源原理知识； (2) 掌握模拟电路、数字电路等基础知识； (3) 掌握电工基础知识、机械基础及电子电力技术相关知识； (4) 掌握工程制图及 CAD 基础知识； (5) 掌握光伏系统设计软件知识；	否	否

续表

序号	典型工作任务名称	基本要求	支撑技术技能（工业化阶段）	支撑知识（单元）	是否为核心	是否为专业类所需
2	光伏工程项目设计	知识： (1) 掌握工程制图及CAD基础知识； (2) 掌握光伏发电系统、分布式能源/智能微电网的体系结构、分类知识； (3) 掌握光伏发电系统结构、原理、设备选型、安装、调试等知识； (4) 掌握光伏系统工程设计电气知识、土建知识； (5) 掌握光伏系统工程技术经济分析知识、预决算知识； (6) 掌握光伏系统工程设计规范、标准、法律、法规。 技能： (1) 具有CAD工程图纸的识图制图能力； (2) 具有光伏发电系统设备选型、安装、调试、运行维护的能力； (3) 具有光伏新能源项目解决方案、设计报告等文档撰写及处理预期；理论、实践能力提升方案能够独立完成光伏电站的设计方案	(6) 具有光伏电子产品分析、样品制作能力；(3.0) (7) 具有C语言、单片机、嵌入式系统开发与编程能力；(3.0～4.0) (8) 具有使用PLC进行产品性能评估、实现部件控制、通信、信号采集、故障排查的能力；(3.0～4.0) (9) 具有传感器设备选型、安装、调试能力；(3.0) (10) 具备通过工具检测评估新能源各系统、部件、组件、施工质量的能力；(3.0) (11) 具有新能源发电系统可行性评估能力；(3.0) (12) 具有智能电子产品开发、设计与调试能力；(3.0～4.0)	(6) 掌握PLC技术知识； (7) 掌握C语言、单片机、嵌入式开发等基础知识； (8) 掌握电子线图制图与制板知识； (9) 掌握感知和识别技术； (10) 掌握供配电基础知识； (11) 掌握光伏发电系统、分布式能源/智能微电网的体系结构，了解/掌握智能微电网的构成和主要设备知识； (12) 掌握光伏发电应用系统的组成和主要设备知识； (13) 掌握光伏系统安装、设备选型、原理、调试等知识；	是	否

续表

序号	典型工作任务名称	基本要求	支撑技术技能（工业化阶段）	支撑知识（单元）	是否为核心	是否为专业类所需
3	光伏工程项目现场管理	知识： (1) 掌握电工基础知识、机械基础及电子电力技术相关知识； (2) 掌握工程制图及CAD基础知识； (3) 掌握光伏发电系统、分布式能源微电网的体系结构、分类知识； (4) 掌握感知和识别技术； (5) 掌握工程项目管理、施工管理、安全生产管理知识。 技能： (1) 了解电子元器件的原理及特性，具有电子线路图及产品图纸的识图能力； (2) 具有CAD工程图纸的识图及制图能力； (3) 具有光伏发电系统、分布式能源微电网的造型、部署、运行维护能力； (4) 具有传感器设备造型、安装、调试能力； (5) 具有光伏发电等新能源项目施工流程、有组织管理和协调能力； (6) 具备通过工具检测评估新能源各系统、实践能力提升预期；光伏工程现场施工管理，包括材料管理、人员管理、工具管理、施工过程管理及监督等综合能力	(13) 具有光伏发电系统设备选型、安装、调试、运行维护的能力；(3.0) (14) 具有使用机械设备进行简单机械加工、机械零部件安装的能力；(3.0) (15) 了解光伏发电等新能源项目施工流程，熟悉项目施工步骤，具有能源项目组织管理和协调能力；(3.0) (16) 具有通过工具数据搜索、筛选、归类、汇总的能力；(3.0) (17) 具备综合运用各项系统知识，完成新能源项目评估指标解熱营销流程的能力；(3.0) (18) 具有制订销售策略、销售计划的能力，具有销售数据分析和客户资料管理的能力。(3.0)	(14) 掌握离网发电系统、并网发电系统的基本组成； (15) 了解/掌握智能微电网分布式电源及储能控制、运行等； (16) 了解新能源分布式电源及储能控制及运行技术； (17) 掌握光伏发电系统的监控系统和能量管理系统的运行及控制方法； (18) 掌握光伏发电系统保护机制、故障检测和故障排除的方法及技能； (19) 掌握智能微电网的保护机制、故障检测和故障排除的方法及技能； (20) 掌握光伏电子电应用产品的电子电路设计知识； (21) 了解通用电子测量仪器的用途、性能及主要技术指标；	是	否

续表

序号	典型工作任务名称	基本要求	支撑技术技能（工业化阶段）	支撑知识（单元）	是否为核心	是否为专业类所需
4	光伏发电工程安装实施	知识： (1) 掌握电工基础知识、机械基础及电子电力技术相关知识； (2) 掌握工程制图 CAD 基础知识； (3) 掌握感知和识别技术； (4) 掌握 PLC 技术知识； (5) 掌握 C 语言、单片机、嵌入式开发等基础知识； (6) 掌握光伏发电系统原理、安装、调试等知识； 技能： (1) 熟悉电子元器件的原理及特性，具有电子线路图及产品图纸的识别及分析能力； (2) 具有使用机械设备进行简单机械加工、机械零部件安装的能力； (3) 具有 CAD 工程图纸的识图绘制能力； (4) 具有传感器选型、安装、调试能力； (5) 具有使用 PLC 进行产品性能评估、编程测试，实现部件控制、信号采集、通信、故障排查的能力； (6) 具有 C 语言、单片机、嵌入式系统开发与编程能力；	(19) 具有智能微电网设备选型、安装、调试、运行维护的能力；(3.0～4.0) (20) 具有合同能源方案解决能力；(3.0) (21) 具有宣讲及技术文档处理能力；(3.0) (22) 具有相关法律法规资料查询、检索、归纳整理能力；(3.0) (23) 具有光伏/新能源项目解决方案、设计报告等文档撰写及处理能力；(3.0)	(22) 熟练掌握电子元器件的特性及检测方法； (23) 掌握新能源电子产品主要参数指标及检测方法； (24) 了解光伏发电等新能源设备制造工艺及检验检测知识； (25) 了解新能源能效检测与评估知识； (26) 掌握光伏系统工程设计电气知识、土建知识； (27) 掌握光伏系统工程设计规范、标准、法令、法规； (28) 掌握光伏经济分析知识、预决算知识；	是	否

续表

序号	典型工作任务名称	基本要求	支撑技术技能（工业化阶段）	支撑知识（单元）	是否为核心	是否为专业类所需
4	光伏发电工程安装实施	(7) 具有光伏发电系统设备选型、安装、调试、运行维护的能力；实践能力提升预期：光伏设备安装调试及部署能力，具有独立完成项目施工、具备检测光伏项目施工质量的能力			是	否
5	光伏发电工程调试	知识： (1) 掌握电工基础知识、电子电力技术相关知识； (2) 掌握C语言、单片机、嵌入式开发等基础知识； (3) 掌握工程制图及CAD基础知识； (4) 掌握传感知识和技术； (5) 掌握PLC技术知识； (6) 掌握供配电基础知识； (7) 掌握光伏发电系统、分布式能源的体系结构、分类知识； (8) 掌握智能微电网的构成和主要设备知识。 技能： (1) 熟悉电子元器件的原理及特性，具有电子线路图及产品图纸的识图、绘图、分析能力；		(29) 掌握工程项目管理、施工管理、安全生产管理知识； (30) 掌握合同能源管理知识； (31) 了解新能源领域相关法律法规； (32) 熟悉销售管理、客户关系管理基本知识； (33) 掌握销售分析的方法和工作程序	是	否

第5章 "光伏工程技术"专业课程开发案例

续表

序号	典型工作任务名称	基本要求	支撑技术技能（工业化阶段）	支撑知识（单元）	是否为核心	是否为专业类所需
5	光伏发电工程调试	(2) 具有C语言、单片机、嵌入式系统开发与编程能力； (3) 具有CAD工程图纸的识图制图能力； (4) 具有传感器设备选型、安装、调试能力； (5) 具有使用PLC进行产品性能评估、编程测试、实现部件控制、信号采集、通信、故障排查的能力； (6) 具有电工进网作业能力； (7) 具有光伏发电系统、分布式能源设备选型、安装、调试、运行维护的能力； (8) 具有智能微电网设备选型、安装、调试、运行维护能力提升预期。理论、实践能力提升及光伏项目施工质量检测光伏设备调试及故障解决能力			是	否
6	光伏电子产品开发	知识： (1) 掌握模拟电路、数字电路等基础知识； (2) 掌握工程制图及CAD基础知识； (3) 掌握电子线路图与制板技术知识； (4) 掌握传感知和识别技术知识； (5) 掌握C语言、单片机基础知识； (6) 掌握PLC技术知识。			是	是

续表

序号	典型工作任务名称	基本要求	支撑技术技能（工业化阶段）	支撑知识（单元）	是否为核心	是否为专业类所需
6	光伏电子产品开发	技能： (1) 熟悉电子元器件的原理及特性，具有电子线路图及产品图纸的识图、绘图、分析能力； (2) 具有电子线路板绘图与制板能力，能够制作实验室样机； (3) 具有常用电子测量仪器仪表使用能力； (4) 具有传感器设备选型、安装、调试能力； (5) 具有单片机开发与编程能力； (6) 具有PLC电子线路板设计、编程能力。 理论、实践能力提升预期： 熟悉产品开发流程，能够根据需求，独立或协同开发光伏某一电子产品的开发工作			是	是
7	光伏电系统(产品)测试	知识： (1) 掌握模拟电路、数字电路等基础知识； (2) 掌握电工技术基础知识，机械基础及电子电力技术相关知识； (3) 掌握电子线路图制图与制板知识； (4) 掌握工程制图及CAD基础知识；			是	是

续表

序号	典型工作任务名称	基本要求	支撑技术技能（工业化阶段）	支撑知识（单元）	是否为核心	是否为专业类所需
7	光伏系统（产品）测试	(5) 了解光伏发电系统、分布式能源/智能微电网的体系结构、分类知识； (6) 掌握单片机、C语言、嵌入式开发等基础知识。 技能： (1) 具有常用电子测量仪器仪表使用能力，具有电子线路分析能力； (2) 熟悉电子元器件的原理及特性； (3) 具有电子线路板绘制与制板能力，能够制作实验室样机； (4) 熟练掌握新能源电子产品主要参数指标及检测方法，具有新能源系统调试及检测能力； (5) 熟练掌握电子元器件的特性及检测方法，能正确测量电子元器件各参数特性； (6) 具有PLC、单片机、嵌入式开发理论、实践能力提升预期； 熟悉产品测试流程和方法，能够完成光伏新产品的测试工作			是	是

续表

序号	典型工作任务名称	基本要求	支撑技术技能（工业化阶段）	支撑知识（单元）	是否为核心	是否为专业类所需
8	光伏发电工程检测运维	知识： (1) 掌握电工基础知识、机械基础及电子电力技术相关知识； (2) 掌握 C 语言、单片机、嵌入式开发等基础知识； (3) 掌握感知和识别技术知识； (4) 掌握 PLC 技术知识； (5) 掌握供配电基础知识； (6) 掌握光伏发电系统的体系结构、分类知识。 技能： (1) 熟悉电子元器件的原理及特性，具有电子线路图及产品图纸的识图、绘图、分析能力； (2) 具有使用机械设备进行简单机械加工、机械零部件安装的能力； (3) 具有 C 语言、单片机、嵌入式系统开发与编程能力； (4) 具有传感器设备选型、安装、调试能力； (5) 具有使用 PLC 进行产品性能评估、编程测试、实现部件控制、信号采集、通信、故障排查的能力； (6) 具有电工进网作业能力；		是	否

续表

序号	典型工作任务名称	基本要求	支撑技术技能（工业化阶段）	支撑知识（单元）	是否为核心	是否为专业类所需
8	光伏发电工程检测运维	(7) 具有光伏发电系统设备选型、安装、调试、运行维护的能力，实践能力提升预期：熟悉光伏发电工程检测流程，能够根据工程检测流程完成检测项目，并具备工程运营维护能力			是	否
9	智能微电网工程项目实施运维	知识：(1) 掌握电工基础知识、机械基础及电子电力技术相关知识；(2) 掌握C语言、单片机、嵌入式开发等基础知识；(3) 掌握感知和识别技术知识；(4) 掌握PLC技术知识；(5) 掌握供配电基础知识；(6) 掌握智能微电网的构成和主要设备知识。技能：(1) 熟悉电子元器件的原理及特性，具有电子线路图及产品图纸的识图、绘图、分析能力；(2) 具有C语言、单片机、嵌入式系统开发与编程能力；(3) 具有传感器设备选型、安装、调试能力；			是	否

续表

序号	典型工作任务名称	基本要求	支撑技术技能（工业化阶段）	支撑知识（单元）	是否为核心	是否为专业类所需
9	智能微电网工程项目实施运维	（4）具有使用PLC进行产品性能评估、编程测试、实现部件控制、信号采集、通信、故障排查的能力；（5）具有电工进网作业能力；（6）具有智能微电网设备选型、安装、调试、运行维护的能力。理论、实践能力提升预期：熟悉智能微电网日常检查流程，能够工作流程完成日常设备检查项目，并具备日常设备维护能力			是	否
10	新能源（光伏）产品/项目营销支持	知识：（1）掌握工程制图及CAD基础知识；（2）了解光伏发电等新能源定义、分类及各类新能源原理知识；（3）熟悉电网发电系统、分布式能源/智能微电网的体系结构、分类知识；（4）熟悉智能微电网的构成和主要设备知识，熟悉智能微电网分布式电源及储能、控制、运行技术；（5）掌握光伏发电等新能源能效检测与评估知识。			否	否

续表

序号	典型工作任务名称	基本要求	支撑技术技能（工业化阶段）	支撑知识（单元）	是否为核心	是否为专业类所需
10	新能源（光伏）产品/项目营销支持	技能： (1)具有CAD工程图纸的识图制图能力； (2)具备通用新能源设备/产品的选型能力； (3)具有光伏/新能源项目解决方案、设计报告等文档撰写及处理能力。 熟悉新能源产品特性、运维概况，能够提供简单的新能源项目成本核算能力，具备系统营销体系知识，能够承担营销推广职责			否	否
11	新能源（光伏）产品/项目营销推广	知识： (1)了解光伏发电等新能源定义、分类及各类新能源原理知识； (2)了解光伏发电等新能源效检测与评估知识； (3)熟悉光伏发电系统、分布式智能微电网的体系结构、分类知识，智能微电网领域的构成和主要设备知识； (4)了解新能源管理、客户关系管理基本知识； (5)熟悉营销领域相关法律法规。			否	否

续表

序号	典型工作任务名称	基本要求	支撑技术技能（工业化阶段）	支撑知识（单元）	是否为核心	是否为专业类所需
11	新能源（光伏）产品/项目营销推广	技能： (1) 具备综合运用新能源系统知识，各项能源项目评估指标熟悉成营销流程的能力； (2) 掌握合同能源管理知识，具有合同能源方案解决能力； (3) 具有光伏/新能源项目解决方案、设计报告等文档撰写及处理能力； (4) 具有相关法律法规资料查询、检索、归纳、整理能力； (5) 具有制订销售计划、销售策略的能力； (6) 掌握销售分析的方法和工作程序，具有销售数据分析和客户资料管理的能力。 理论、实践能力提升预期： 通过继续学习，及工作经验积累，具备新能源产品营销理念，承担新能源产品及工程的营销管理职责			否	否

5.5 专业课程体系设计

5.5.1 培养目标

1. 基本培养目标

本专业培养拥护党的基本路线，适应生产、建设、管理、服务第一线需要的、德、智、体、美、劳全面发展的高等技术应用性专门人才，以适应社会需要为目标。掌握光伏工程技术专业知识和技术技能，面向工程项目设计、工程项目管理与实施、工程项目运维、应用系统（产品）开发、商务营销领域等职业领域，能够从事光伏应用产品的生产、销售、技术服务以及光伏发电工程的设计施工、运行维护、工程管理等工作，具有一定的科学文化水平，具有良好的职业道德和敬业精神，具有较强的创新意识，具有支撑终身发展、适应时代要求的关键能力的高素质技术技能型人才。

2. 个性化培养目标

本专业在基本培养目标的基础上，培养具有较强的创业创新能力，具有支撑终身发展、适应时代要求的关键能力，掌握专业知识和技术技能，并能胜任项目评估、项目勘测、智能化运维、光伏应用系统开发、电子商务等相关工作的高素质技术技能型人才。

3. 因材施教培养目标

本专业在基本培养目标的基础上，培养理想信念坚定、德技并修、全面发展，具有较强的科学思维、创新能力，具有支撑终身发展、适应时代要求的关键能力，掌握专业知识和技术技能，能胜任能源规划设计、工程项目监理、运维数据分析、工业设计、国际合作等相关工作的高素质技术技能型人才。

5.5.2 培养规格

1. 基本培养规格

1) 知识

（1）掌握光伏发电等新能源定义、分类及各类新能源原理知识；

（2）掌握模拟电路、数字电路等基础知识；

（3）掌握电工基础知识、机械基础及电子电力技术相关知识；

（4）掌握工程制图及 CAD 基础知识；

（5）掌握光伏系统设计软件知识；

（6）掌握 PLC 技术知识；

*（7）掌握 C 语言、单片机、嵌入式开发等基础知识；

*（8）掌握电子线图制图与制板知识；

（9）掌握感知和识别技术；

（10）掌握供配电基础知识；

*（11）掌握光伏发电系统、分布式能源/智能微电网的体系结构、分类知识，掌握智能微电网的构成和主要设备知识；

（12）掌握光伏发电应用系统的组成和主要设备知识；

*（13）掌握光伏发电系统原理、设备选型、安装、调试等知识；

（14）掌握光伏组件设备、电气设备安装技术；

（15）掌握离网发电系统、并网发电系统的基本组成；

（16）掌握智能微电网分布式电源及储能、控制、运行技术；

（17）了解新能源分布式电源及储能、控制及运行技术；

*（18）掌握光伏发电系统的监控系统和能量管理系统的运行机制及运行方法；

*（19）掌握光伏发电系统保护机制、故障检测和故障排除的方法及技能；

（20）掌握智能微电网的保护机制、故障检测和故障排除的方法及技术；

(21) 掌握光伏电子应用产品的电子线路设计知识；

(22) 了解通用电子测量仪器的用途、性能及主要技术指标；

(23) 熟练掌握电子元器件的特性及检测方法；

(24) 掌握新能源电子产品主要参数指标及检测方法；

(25) 了解光伏发电等新能源设备制造工艺及检验检测知识；

(26) 掌握光伏发电等新能源能效检测与评估知识；

(27) 掌握光伏系统工程设计电气知识、土建知识；

(28) 掌握光伏系统工程设计规范、标准、法律、法规；

(29) 掌握光伏系统工程技术经济分析知识、预决算知识；

(30) 掌握工程项目管理、施工管理、安全生产管理知识；

(31) 掌握合同能源管理知识；

(32) 了解新能源领域相关法律法规；

(33) 熟悉销售管理、客户关系管理基本知识；

(34) 掌握销售分析的方法和工作程序。

2）技术技能

(1) 具有 CAD 工程图纸的识图制图能力；

(2) 具有常用电子测量仪器仪表使用能力；

(3) 具有通用新能源设备/产品的选型、质量检查、部署、运行维护能力；

(4) 具有电工进网作业能力；

(5) 熟悉电子元器件的原理及特性，具有电子线路图及产品图纸的识图、绘图、分析能力；

(6) 具有光伏电子产品分析、样品制作能力；

(7) 具有 C 语言、单片机、嵌入式系统开发与编程能力；

(8) 具有使用 PLC 进行产品性能评估、编程测试，实现部件控制、信号采集、通信、故障排查的能力；

(9) 具有传感器设备选型、安装、调试能力；

*(10) 具备通过工具检测评估新能源各系统、部件、组件、施工质量的能力；

(11) 具有新能源发电系统可行性评估能力；

*(12) 具有智能电子产品开发、设计与调试能力；

*(13) 具有光伏发电系统设备选型、安装、调试、运行维护的能力；

(14) 具有使用机械设备进行简单机械加工、机械零部件安装的能力；

(15) 了解光伏发电等新能源项目施工步骤，熟悉项目施工流程，有组织管理和协调能力；

(16) 具有通过工具或途径进行信息数据搜索、筛选、归类、汇总的能力；

(17) 具备综合运用新能源系统知识、各项能源项目评估指标娴熟完成营销流程的能力；

(18) 具有制订销售计划、销售策略的能力，具有销售数据分析和客户资料管理的能力；

*(19) 具有智能微电网设备选型、安装、调试、运行维护的能力；

(20) 具有合同能源方案解决能力；

(21) 具有宣讲及技术文档处理能力；

(22) 具有相关法律法规资料查询、检索、归纳、整理能力；

(23) 具有光伏/新能源项目解决方案、设计报告等文档撰写及处理能力。

3）综合能力

(1) 学习能力强，能够根据工作需求进行自我提升；

(2) 具有良好的理解能力，能够根据工作任务制定合理的计划，具有良好的执行力；

(3) 具有较强的逻辑思维能力，具备问题的分析、决策、处理能力；

(4) 具备创新意识和创新思维，具有较强的就业创业能力；

(5) 具有应对未来社会的综合能力——由坚持力、自控力、好奇心、自省力、勇气、自信心、社交能力组成的"非认知技能"。

4）通用能力

(1) 具有良好的沟通表达和交流能力；

(2) 具有宣讲及文档处理能力；

(3) 具有良好的知识、信息收集整理能力；

(4) 具有良好的团队协作能力；

(5) 尊重他人，有宽容之心，能够包容和谅解他人的过失；

(6) 心理素质好，具有较强的工作压力承受能力。

2．个性化培养规格

知识（见表5-18）：

表5-18　个性化培养支撑知识汇总

项目评估方向	(1) 掌握项目评估的常用方法和基本程序知识； (2) 掌握项目可行性研究报告格式、内容与要求知识； (3) 掌握项目市场分析、预测方法知识； (4) 掌握项目技术分析与评估知识； (5) 掌握项目财务评估、项目国民经济评估、项目风险评估知识； (6) 掌握并能熟练运用项目技术设计规范； (7) 熟悉项目备案、审批、设计、建设的基本流程
项目勘测方向	(1) 工程识图的基础理论知识； (2) 控制测量的专业基本知识； (3) 测量数据分析与处理的基本理论知识； (4) 工程测量施工放样的专业知识； (5) 常规的地形测量方法及数字化测图专业知识； (6) 了解相关的基本天文知识
智能化运维方向	(1) 掌握光伏智能运维机器人等设备基础知识； (2) 掌握光伏无人机应用和检测基础知识； (3) 掌握分布式光伏电站建设和运维知识； (4) 掌握数据采集器的基础知识

续表

光伏应用系统开发方向	(1) 掌握 Proteus 软件的基本操作方法、模拟和数字电路的仿真及分析方法； (2) 掌握 Proteus 软件的单片机仿真的知识以及与其他开发工具进行联合调试的技术知识； (3) 掌握 16 位单片机电子产品的设计、开发与调试技术知识； (4) 掌握光伏控制器自动跟踪、最大功率实现方法
电气自动化方向	(1) 掌握变频器工作原理、选择、安装和参数设定方法； (2) 掌握通用变频器的操作、通信、工程应用与故障维修技术； (3) 掌握控制系统的组成、工作原理和调试方法； (4) 掌握组态软件进行组态设计和调试的方法
电子商务方向	(1) 掌握市场与网络营销概念、营销策划、营销技术等基本知识； (2) 掌握销售分析、商务谈判、市场调研、网络营销等基本知识； (3) 掌握商务运作与管理的基本知识； (4) 掌握电子商务法律法规基本知识

技术技能（见表5-19）：

表 5-19 个性化培养支撑技术技能汇总

项目评估方向	(1) 具有光伏工程项目评估能力； (2) 具有光伏工程项目可行性研究报告撰写能力； (3) 具有光伏工程项目市场分析、预测能力； (4) 具有项目技术分析与评估能力； (5) 具有项目财务评估、项目国民经济评估、项目风险评估能力； (6) 具有基本的工程制图能力
项目勘测方向	(1) 具有控制测量的能力； (2) 具有误差分析的能力； (3) 具有项目施工放样的能力； (4) 能根据项目实际进行光照资源数据查询和分析
智能化运维方向	(1) 具有智能运维机器人的安装、运维能力； (2) 具有无人机操控和运维能力； (3) 具有信息分析和汇总能力； (4) 具有分布式光伏电站无人值守运维能力； (5) 具有远程运维监控和在线诊断的能力
光伏应用系统开发方向	(1) 具有 Proteus 软件的基本操作能力；具有模拟和数字电路的仿真及分析能力； (2) 具有 Proteus 软件的单片机仿真能力，以及与其他开发工具进行联合调试能力； (3) 具有 16 位单片机电子产品的设计、开发与调试能力； (4) 具有光伏控制器自动跟踪、最大功率实现的编程能力

续表

电气自动化方向	(1) 具有变频器选择、安装和参数设定能力； (2) 具有通用变频器的操作、通信、工程应用与故障维修能力； (3) 具有 PLC 自动控制系统的调试方法； (4) 具有自动控制系统的组态设计和调试能力
电子商务方向	(1) 具有电子商务系统规划和建设的管理能力； (2) 具有网络营销项目的策划、实施和管理能力； (3) 具有运用电子商务系统处理合同交易结算等商务事务的能力； (4) 具有市场营销项目的策划、实施的能力； (5) 具有产品销售与公共关系处理的能力

综合能力：

（1）具备敏锐而富有逻辑的观察能力，具备主动坚韧的学习力；

（2）具有良好的理解能力，能够根据工作任务制订合理的计划，具有良好的执行力，具备过程评估与风险控制能力；

（3）具有完善的逻辑思维能力，具备独立自主的问题分析、决策、处理能力；

（4）具有科学思维和创新思维，具备较强的创新创业能力和实践能力；

（5）具有逆向思维和换位思考等处事能力；

（6）具有良好的应对未来社会的综合能力——由坚持力、自控力、好奇心、自省力、勇气、自信心、社交能力组成的"非认知技能"非认知技能。

通用能力：

（1）具有良好的宣讲及文档处理能力；

（2）心理素质好，具有积极主动、乐观、坚韧的心态，有较强的工作压力承受能力；

（3）具有高度责任心，作风严谨可靠。

3. 因材施教培养

知识（见表 5-20）：

表 5-20　个性化培养支撑知识汇总

方向	知识
能源规划设计方向	（1）掌握光伏工程项目需求调研方法； （2）掌握利用光伏系统设计软件和工具进行系统规划设计方法； （3）掌握光伏工程项目设计及经济性评价报告的撰写方法
光伏工程项目监理方向	（1）掌握项目施工、流程、组织管理等文件制定方法； （2）掌握利用有效测量工具检测评估系统各部件、组件质量方法； （3）掌握检测评报告编制方法； （4）掌握材料管理、人员管理、工具管理、施工过程管理及监督等方法
运维数据分析方向	（1）掌握光伏组件、汇流箱、逆变器、变压器等设备运行状态分析方法； （2）掌握制订光伏系统部件检测与日常巡检计划方法； （3）掌握光伏系统优化设计方法； （4）掌握光伏电站的基本缺陷分析方法； （5）掌握基本的数据挖掘和分析理论
工业设计（产品外观）方向	（1）掌握工业设计工程基础知识； （2）掌握设计表现基础、设计基础、设计理论基础知识； （3）掌握人机工程知识； （4）掌握设计材料及加工基础知识； （5）掌握计算机辅助设计知识

技术技能（见表 5-21）：

表 5-21　个性化培养支撑技术技能汇总

方向	技术技能
能源规划设计方向	（1）具有光伏工程项目需求调研能力； （2）具有利用光伏系统设计软件和工具进行系统规划设计能力； （3）具有光伏工程项目设计及经济性评价报告的撰写能力
光伏工程项目监理方向	（1）具有项目施工、流程、组织管理等文件制定能力； （2）具有利用有效测量工具检测评估系统各部件、组件质量能力； （3）具有检测评报告编制能力； （4）具有材料管理、人员管理、工具管理、施工过程管理及监督等能力
运维数据分析方向	（1）具有光伏组件、汇流箱、逆变器、变压器等设备运行状态分析能力； （2）具有制订光伏系统部件检测与日常巡检计划能力； （3）具有光伏系统优化设计能力
工业设计（产品外观）方向	（1）具有新产品的研究与开发的初步能力； （2）具有较强的实验技能、动手能力； （3）具有良好的美的鉴赏与创造能力

综合能力：

（1）具备敏锐而富有逻辑的观察能力，具备主动坚韧的学习力；

（2）具有强烈的事业心和责任心，具有良好的理解能力，具有制订、优化工作任务的能力，具有良好的执行力，具备过程评估与风险控制能力；

（3）具有完善的逻辑思维、逆向思维和换位思考能力，具备独立自主的问题分析、决策、处理能力；

（4）具有优秀的应对未来社会的综合能力——由坚持力、自控力、好奇心、自省力、勇气、自信心、社交能力组成的"非认知技能"。

通用能力：

（1）具有良好的沟通表达和交流能力，善于通过沟通建立并保持人际关系网；

（2）为人诚实正直，有高度责任心，作风严谨可靠；

（3）心理素质好，具有积极主动、乐观、坚韧的心态，有较强的工作压力承受能力；

（4）具有快速反应力、亲和力、语境理解力、人际关系开拓力、委任力、商谈力、传授力的对人能力。

5.5.3 课程汇总

1. 项目课程

C类课程（项目课程）设计汇总表见表5-22。

表 5-22 C 类课程（项目课程）设计汇总表

序号	课程名称	课程目标	内容简介	课程性质（项目课程级别）*	课程学时	项目案例	典型工作任务	项目名称、数量	工业化阶段
1	新能源项目营销实战	（一）总体目标 通过本课程的学习，使学生能够进行新能源项目的前期调研，并根据调研资料分析项目的可行性，能够编写项目调研分析报告，撰写新能源项目书；能够辅助商务或技术工作，完成销售相关的商务或技术工作；能够根据项目招标书要求，撰写新能源项目应标书。 （二）具体目标 1. 知识目标：新能源调研要素和方法，新能源项目方案书主要内容，新能源项目销售团队的结构和组成，项目分析和资源整合方法，新能源投标书的基本要求和要素等。 2. 能力目标：培养学生自主学习、独立思考和创新创造能力及风险管控的能力，培养学生市场调查、市场营销策划、商务谈判、营销管理、风险控制和市场开拓能力。 3. 素质目标：培养学生具有良好的职业道德和强烈的事业心与责任感；具有较完备的营销专业知识结构，具有较强的营销意识和创新精神	从新能源项目市场调研入手，分析新能源项目社会效益的核心要素构成，培养学生分析的逻辑能力和文档撰写能力与能力	4（难度系数：2；综合度系数：1；完整度系数：1）	16	某企业屋顶 10 MW 光伏发电站 EPC 招标项目，包括项目市场调研、项目方案设计、项目营销与沟通、招标项目过程	REE-01A 光伏工程项目需求调研；REE-10A 新能源（光伏）产品/项目营销支持；REE-11A 新能源（光伏）产品/项目营销推广	（1）新能源项目市场调研；（2）新能源项目方案制作；（3）新能源项目销售实战；（4）新能源项目招投标实战	3.0

续表

序号	课程名称	课程目标	内容简介	课程性质（项目课程级别）*	课程学时	项目案例	典型工作任务	项目名称、数量	工业化阶段
2	光伏发电系统安装运行与维护	（一）总体目标：通过本课程的学习，使学生掌握光伏发电系统的结构、分类和主要设备知识，从而使学生掌握光伏发电系统保护机制、故障检测和故障排除的方法及技能。 （二）具体目标： 1.知识目标：培养学生掌握电工基础、机械基础及电子电力技术相关知识，掌握CAD基础知识；掌握供配电基础知识和技术知识；掌握新能源分布式的体系分类。 2.技能目标：使学生具有电路原理图及产品安装图纸识别能力，具有新能源系统安装调试和联合调试和光伏发电系统单机运行和联合运行管理能力，具有光伏发电系统保养的能力，具有整体系统故障检测和排除的能力。 3.职业素质：培养学生具有良好的职业道德，正面积极的职业心态和正确的职业价值观意识，具有持续自主学习能力	按照光伏发电系统主要设备为主，其他设备为辅的结构，详细分析光伏系统的运行、维护与管理的实训操作过程，提出系统运行过程中的常见故障及排除方法，以实际项目式教学模式，在每一项目实施过程中，将设备实物机械安装，电气连接	8（难度系数：3；综合度系数：2；完整度系数：3）	64	地面100 kW光伏发电站安装与维护，包括汇流箱、蓄电池、逆变器、配电柜等设备安装，包括日常巡检与电气设备故障检测	REE-03B 光伏工程现场项目管理 REE-04B 光伏发电工程安装实施 REE-05B 光伏发电工程调试 REE-08B 光伏发电工程检测运维	(1)光伏发电系统的日常检查和定期维护；(2)光伏方阵的维护与常见故障排除；(3)蓄电池（组）的检查与故障方法；(4)光伏控制器和逆变器的检查维护及常见故障排除	3.0~4.0

续表

序号	课程名称	课程目标	内容简介	课程性质（项目课程级别）*	课程学时	项目案例	典型工作任务	项目名称、数量	工业化阶段
2	光伏发电系统安装运行与维护		故障排除等任务通过学习、操作、维护等环节使学生掌握具备知识技能认识					（5）配电柜及输电线路的检查与故障维护常见故障排除；（6）防雷接地系统的检查与维护、太阳能用户系统常见故障及解决方法	
3	光伏发电系统电子产品设计	（一）总体目标 通过项目式学习，在掌握电工基础、电力电子技术、模拟电路、数字电路等基础知识上，初步具备新能源电子产品的设计、分析、开发、调试能力。（二）具体目标（1）知识目标：通过学习加深对电工基础、电子电力基础相关知识、模拟电子、数字电路识别与基础知识，掌握电子测量仪器的用途、性能及主要技术指标；	依据电工基础、电力电子等基础知识，以光伏典型产品实际案例为基础，项目内容设置了9个项目。每个项目都会完成一个简单的新能源电子产品，	9（难度系数：3；综合度系数：3；完整度系数：3）	64	300 W风光互补控制器设计制作。包括各模块电子线路设计、制作与调试	REE-02D 光伏工程项目设计；REE-06C 光伏电子产品开发；REE-07C 光伏系统（产品）测试	（1）充放电控制器设计与制作；（2）直流升压电路设计与制作；（3）逆变器设计与制作；	3.0

续表

序号	课程名称	课程目标	内容简介	课程性质（项目课程级别）*	课程学时	项目案例	典型工作任务	项目名称、数量	工业化阶段
3	光伏发电系统电子产品设计	熟练掌握电子元器件的特性及检测方法；熟练掌握新能源配套电子产品主要参数指标及检测方法。(2)技能目标：通过学习使学生具有电路原理图识图能力；具有电子线路使用常用仪表能力；具有电子线路板设计能力；具有电子产品调试开发能力，对新能源电子产品调试及检测结果进行分析，并判断其质量的检测能力。(3)职业素质：培养学生具有良好的职业素养和职业操守，具有良好的自主学习能力	从产品的设计开发、装配、调试都由学生自主完成。通过各种模式培养好的电子线路的分析与设计能力					(4)太阳能便携式移动电源装配与调试；(5)太阳能户外防水路灯装配与调试；(6)太阳能智能小车设计制作与装配	
4	光伏发电系统规划与设计	(一)总体目标：引入校企合作企业光伏系统集成案例，通过课程中的典型光伏发电系统集成技术的学习，掌握光伏发电技术、控制器、逆变器、汇流箱、交直流配电柜光伏电站编写光伏电站建设可研报告，能协助掌握光伏电站建设可研报告，能胜任光伏系统集成师岗位。	从光伏发电系统建设岗位群出发，主要介绍光伏电站建设的可行性分析、光伏电池方阵部件的选型与仿真分析、光伏电池、蓄电池容量设计。	7（难度系数:2；综合系数:3；完整系数:2）	64	10 MW集中并网光伏系统设计与开发。包括电池组件方阵、汇流箱、逆变器	REE-02D光伏工程项目设计；REE-06C光伏电子产品开发；REE-08C光伏系统（产品）测试	(1)离网光伏发电系统设计；(2)并网光伏电站规划与设计	3.0

续表

序号	课程名称	课程目标	内容简介	课程性质（项目课程级别）*	课程学时	项目案例	典型工作任务	项目名称、数量	工业化阶段
4	光伏发电系统规划与设计	（二）具体目标 (1) 知识目标：掌握离网、并网光伏发电系统组成结构；理解光伏工作原理；掌握整体容量设计方法；掌握光伏发电系统电缆、光伏汇流箱、交流配电柜、直流配电柜、电能质量检测的结构组成，功能及配置方法。 (2) 能力目标：能够计算容量及选型太阳能电池、蓄电池、控制器使用方法及选型；能够设计一个光伏发电系统。 (3) 职业素质：培养学生具有良好的职业道德，正面积极的职业价值观意识，具有持续自主学习能力	光伏控制器选配、光伏逆变器选配、光伏并网系统结构设计等内容			交流配电柜、直流升压变压器等设备的选型与设计方案			
5	智能微电网实施、运行与维护	引入企业智能微电网系统中的三个典型案例分析和实战，通过课程能够完整理解智能微电网系统设计要素，能够完整实施智能微电网系统		7（难度系数：3；综合系数：2；完整系数：2）	64	5 kW 风光储一体化智能微电网安装与调试	REE-09D 智能微电网工程项目实施运维	(1) 智能楼宇微电网系统实战；(2) 智能化小区微电网实战；(3) 城市新区微电网系统实战	3.0~4.0

2. 实训课程

B类课程（实训课程）设计汇总表见表5-23。

表5-23 B类课程（实训课程）设计汇总表

技术技能（工业化阶段）填写技术技能汇总	课程模块名称（是否必修）	课程名称	支持典型工作任务	技能点	知识点	必要说明
(1) 具有CAD工程图纸的识图制图能力(3.0)；(2) 具有使用机械设备进行简单机械加工、机械零部件安装的能力(3.0)	专业基本技能训练（平台）课程	金工实训（一周）	REE-03B 光伏工程项目现场管理 REE-04B 光伏发电工程安装实施 REE-05B 光伏发电工程调试 REE-06C 光伏电子产品开发 REE-07C 光伏系统（产品）测试 REE-08B 光伏发电工程检测运维 REE-09D 智能微电网工程项目实施运维	(1) 具有识图和绘图能力；(2) 具有根据图纸进行设备安装的能力；(3) 能够使用机械设备进行机械加工能力	(1) 掌握工程制图及CAD基础知识；(2) 掌握机械基础知识	
(1) 具有常用电子测量仪器仪表使用能力(3.0)；(2) 具有电工进网作业能力(3.0)；(3) 熟悉电子元器件的原理及特性，具有电子线路图的识图，产品图纸的识图，绘图、分析能力(3.0)	专业基本技能训练（平台）课程	电工实训（一周）	REE-03B 光伏工程项目现场管理 REE-04B 光伏发电工程安装实施 REE-05B 光伏发电工程调试 REE-08B 光伏发电工程检测运维	(1) 具有电路原理图及项目施工图纸识图能力；(2) 能正确识别、选用电力电子器件，能检查维修电力电子相关设备；	(1) 掌握电工基础、电力电子技术相关知识，能够熟悉各种电力电子器件的特点、熟悉各种电路的组成和工作原理；	

续表

技术技能（工业化阶段）填写技术技能汇总	课程模块名称（是否核心）	课程名称	支持典型工作任务	技能点	知识点	必要说明
(1) 熟悉电子元器件的原理及特性，具有电子线路产品图纸的识别及产品图纸的识别、绘图、分析（3.0）； (2) 具有光伏电子产品分析、样品制作能力（3.0）； (3) 具有智能电子产品开发、设计与调试能力（3.0~4.0）	专业基本技能训练（平台）课程		REE-09D 智能微电网工程项目实施运维	(3) 具有传感器设备调试排错能力； (4) 具有电工进网作业能力； (5) 具有电气设备故障排查能力	(2) 掌握感知与识别技术知识； (3) 掌握供配电基础知识	
		电子产品生产工艺与检测*	REE-03B 光伏工程项目现场管理 REE-07C 光伏系统（产品）测试	(1) 能够识别电路原理图及常用电子元器件； (2) 能够对传感器进行数据采集及信息处理能力； (3) 具有电子线路识图、分析能力； (4) 具备电子产品技术文档绘图能力； (5) 具有传感器选择、应用能力； (6) 具有单片机电子线路板设计、编程能力； (7) 具有常用仪器仪表使用能力	(1) 掌握模拟电路、数字电路等基础知识； (2) 掌握感知和识别技术知识； (3) 掌握 CAD 基础知识； (4) 了解新能源设备制造工艺及检测检测知识	

续表

技术技能(工业化阶段)填写技术技能汇总	课程模块名称(是否核心)	课程名称	支持典型工作任务	技能点	知识点	必要说明
(1) 具有通用新能源设备/产品的选型、质量检查、部署、运行维护的能力(3.0); (2) 具备光伏发电系统安装、调试、运行维护的能力(3.0); (3) 具备通过工具检测评估新能源系统各部件、组件、施工质量的能力(3.0)	专业基本技能训练(平台)课程	光伏发电系统综合实训(两周)	REE-04B 光伏发电工程安装实施 REE-05B 光伏发电工程调试 REE-07C 光伏系统(产品)测试 REE-10A 新能源产品项目营销支持 REE-11A 新能源产品项目营销推广	(1) 具有新能源项目施工组织管理能力; (2) 具备通过工具检测评估新能源系统各部件、组件质量的能力; (3) 具备检测评估新能源项目施工质量的能力; (4) 具有各类新能源发电系统部署调试能力; (5) 具有基于光伏发电系统常用设备管理的编程能力	(1) 掌握光伏组件电气设备安装技术; (2) 掌握分布式离网发电系统、并网发电系统的基本组成、安装、调试技术	
具有单片机开发与编程能力(3.0~4.0)	专业基本理论知识(平台)课程	单片机应用技术	REE-04B 光伏发电工程安装实施 REE-05B 光伏发电工程调试 REE-06C 光伏电子产品开发 REE-07C 光伏系统(产品)测试 REE-08B 光伏发电工程检测运维 REE-09D 智能微电网工程项目实施运维	具有单片机开发与编程能力	掌握单片机基础知识	

续表

技术技能 （工业化阶段）填写技术技能汇总	课程模块名称 （是否核心）	课程名称	支持典型工作任务	技能点	知识点	必要说明
具有C语言开发和编写编程能力（3.0~4.0）	专业基本理论知识（平台）课程	程序设计（C语言）	REE-04B 光伏发电工程安装实施 REE-05B 光伏发电工程调试 REE-06C 光伏电子产品开发 REE-07C 光伏系统（产品）测试 REE-08B 光伏发电工程检测运维 REE-09D 智能微电网工程项目实施运维	能使用C语言进行编程能力	掌握C语言基础知识点	
具有嵌入式系统开发与编程能力（3.0~4.0）	专业基本理论知识（平台）课程	嵌入式系统开发	REE-04B 光伏发电工程安装实施 REE-05B 光伏发电工程调试 REE-06C 光伏电子产品开发 REE-07C 光伏系统（产品）测试 REE-08B 光伏发电工程检测运维 REE-09D 智能微电网工程项目实施运维	能够使用嵌入式系统编程，对光伏/发电系统设备进行管理和控制	掌握嵌入式开发等基础知识	

续表

技术技能（工业化阶段）填写技术技能汇总	课程模块名称（是否核心）	课程名称	支持典型工作任务	技能点	知识点	必要说明
(1) 熟悉电子元器件的原理及特性，具有电子线路产品图纸的识图、绘图、分析能力；(3.0) (2) 具有光伏电子产品分析、样品制作能力（3.0）	专业基本技能训练（平台）课程	电子线路板设计与制作	REE-06C 光伏电子产品开发	(1) 具有电子线路板设计能力； (2) 具有常用仪器仪表使用能力； (3) 具有电子产品开发能力	(1) 掌握电工基础、电子电力技术相关知识； (2) 掌握模拟电路、数字电路等基础知识	
具有使用 PLC 进行产品性能评估、编程测试，实现部件控制、信号采集、通信、故障排查的能力（3.0～4.0）	专业基本理论知识（平台）课程	PLC编程及应用	REE-04B 光伏发电工程安装实施 REE-05B 光伏发电工程调试 REE-06C 光伏电子产品开发 REE-07C 光伏系统（产品）测试 REE-08B 光伏发电工程检测运维 REE-09D 智能微电网工程项目实施运维	(1) 具有PLC电子线路板设计、编程能力； (2) 具有使用PLC实现部件的控制能力； (3) 具有使用PLC实现信号采集、通信等现场调试能力； (4) 能对PLC、单片机、嵌入式开发系统进行产品性能评估能力	掌握 PLC 技术知识	

3. 理论知识课程

A 类课程（理论知识课程）设计汇总表见表 5-24。

表 5-24　A 类课程（理论知识课程）设计汇总表

课程名称	支撑典型工作任务的基本知识	基于课程的基本知识	内容简介
新能源系统概论	(1) 掌握光伏发电等新能源定义、分类及各类新能源原理知识； (2) 了解光伏发电等新能源效检测与评估知识； (3) 掌握光伏发电系统、分布式能源/智能微电网的体系结构、分类知识，掌握智能电网的构成和主要设备知识	(1) 能源发展的客观规律； (2) 我国能源发展战略； (3) 新能源资源及其评价； (4) 能源利用与环境保护； (5) 合同能源管理的商务模式及业务流程； (6) 我国能源管理机构及功能及关于能源相关的法律法规	本课程讲解能源的基本概念、能源的形势、特点及其国民经济发展的关系；综合分析常规一次能源的现状、问题及其发展前景；介绍我国的能源政策及其法律法规
传感器技术	掌握知和识别技术	(1) 传感器的概念与基本特性； (2) 温度量的检测，热电偶传感器、金属热电阻传感器、半导体热敏电阻传感器、集成温度传感器； (3) 力与压力检测，应变式传感器、压电式传感器； (4) 位移量检测，电容式传感器、电感式传感器、电涡流传感器； (5) 位置与转速的检测，光电式传感器、磁电式传感器、霍尔式传感器； (6) 液体与流量的检测，流量传感器、超声波传感器、多普勒效应、液位传感器； (7) 环境量的检测，湿度传感器、气体传感器	学生能够根据实际检测需要选择合适的传感器，使用常用传感器进行各种物理量的检测与信号处理

续表

课程名称	支撑典型工作任务的基本知识	基于课程的基本知识	内容简介
工程制图与AutoCAD	掌握工程制图及CAD基础知识	(1) 创建样板文件；设置图幅尺寸；设置图形单位；创建文字样式；创建尺寸标注样式；创建打印样式；创建和设置图层，绘制并创建常用图块（门、窗、立面指向符、图名、标高、图框）； (2) 绘制直线、多段线，会使用多行文本命令； (3) 使用修剪、延伸、移动、复制、分解、镜像、旋转、偏移等图形编辑命令的编辑，会创建和使用图块； (4) 使用标注命令对图形尺寸进行标注； (5) 使用设计中心的图块布置图形，使用图库来布置图形、矩形，进行对象捕捉的设置与操作；绘制椭圆、圆弧，运用绘图和编辑命令，绘制网络综合布线图中所用的设备、信息点和综合布线图形，创建和应用网络综合布线的相关图块，对网络综合布线图进行文字注写； (6) 在模型空间中，打印输出图纸，使用图纸空间将绘制的图形打印输出，修改和完善图纸； (7) 运用绘图和编辑命令绘制图形，能正确对图纸进行尺寸标注； (8) 使用设计中心和图库来布置单楼层的平面布置图，能绘制直线、圆、椭圆、矩形和圆弧等基本图形； (9) 使用修剪、延伸、旋转、复制、分解、旋转、偏移等图形编辑命令，绘图速度，能运用绘图和编辑命令来提高绘图速度，绘制单楼层综合布线、信息点和管线等布线综合图中所用的设备、信息点和综合布线图形，看懂单楼层综合布线网络综合布线图纸；	AutoCAD软件的基本操作，基本方法。能读懂图，并使用该软件进行计算机绘图，掌握计算机绘图的基本技能

续表

课程名称	支撑典型工作任务的基本知识	基于课程的基本知识	内容简介
工程制图与AutoCAD	掌握工程制图及CAD基础知识	(10) 单楼层的网络综合布线图按要求打印； (11) 运用绘图和编辑命令绘制图形，快速设置图层和创建属性块，对图纸进行尺寸标注； (12) 使用设计中心和图库来绘制建筑的各楼层的平面布置图，使用对象捕捉的设置来精确定位；绘制直线、圆、椭圆、矩形和圆弧等基本图形； (13) 使用图案填充命令和特性面板来绘制剖面图； (14) 运用绘图和编辑命令，绘制网络综合布线图中所用的设备、信息点和管线等图形； (15) 读懂、看懂网络综合布线图纸，根据图纸进行信息点和端口对应表的统计与制作	
工程项目施工与管理*	掌握工程项目管理、施工管理、安全生产管理知识	(1) 工程项目管理的概念与分类； (2) 工程项目管理的基本内容和方法； (3) 建设工程项目管理的相关内容及程序； (4) 工程项目监理相关内容； (5) 项目组织管理原理、项目组织管理内容； (6) 施工项目组织管理原则、项目组织管理程序； (7) 施工项目组织管理设计的程序； (8) 项目管理组织的设计类型； (9) 工程项目工作界定及顺序安排； (10) 工程项目工作持续时间估算方法； (11) 工程项目进度计划编制方法；	通过本课程的学习，可以培养学生编制施工项目管理规划、项目组织机构建设、实施目标控制、资源管理、合同管理及信息处理等基本能力，项目管理软件应用能力

续表

课程名称	支撑典型工作任务的基本知识	基于课程的基本知识	内容简介
工程项目施工与管理*	掌握工程项目管理、施工管理、安全生产管理知识	(12) 工程项目进度控制； (13) 质量管理体系相关知识； (14) 施工企业质量管理的主要环节； (15) 建筑施工质量监收的主要内容； (16) 项目质量管理相关方法； (17) 工程项目信息管理的含义、目的和任务； (18) 工程项目信息的分类、编码； (19) 工程项目文件和档案资料管理方法； (20) 工程项目信息管理系统； (21) 资料员的基本要求和工作职责； (22) 国家和地方有关于安全生产、环境保护和文明施工的规范、规定； (23) 安全资料资料的整理与归档、施工现场安全管理的方法； (24) 安全事故的处理，对安全隐患的分析与预防； (25) 文明施工和环境保护的要求	
电工技术	掌握电工基础知识、机械基础及电子电力技术相关知识	(1) 电路基本知识，描述直流电路、交流电路的基本物理量； (2) 基尔霍夫定律，利用定律分析较复杂电路； (3) 电压源和电流源及其等效互换； (4) 戴维宁定理和叠加原理； (5) 磁场的基本概念和描述磁场的基本物理量； (6) 磁通的连续性原理和安培环路定律； (7) 电磁感应现象和楞次定律的内容； (8) 电感和互感的分析； (9) 铁磁材料的特性和磁化；	使学生理解直流电路、交流电路基本理论和基本知识，掌握安全用电常识，培养学生正确使用电工仪表，熟练使用电工工具，具有对各种电路进行分析和计算的能力，具有遵守安全操作规程进行直流电路和交流电路的连接与测量能力

续表

课程名称	支撑典型工作任务的基本知识	基于课程的基本知识	内容简介
电工技术	掌握电工基础知识，机械基础及电子电力技术相关知识	(1) 电路的基本概念、基本定律及其分析方法； (2) 电路的等效变换； (3) 电路的一般分析方法； (4) 电路定理； (5) 正弦交流电路的相量分析法； (6) 一阶电路的时域分析； (7) 磁路与变压器； (8) 三相电路； (9) 非正弦周期电流电路； (10) 正弦交流电的基本知识； (11) 正弦量的表示方法； (12) R、L、C元件伏安关系的相量形式及平均功率和平均储能； (13) R、L、C串联电路及阻抗； (14) R、L、C并联电路及导纳； (15) 功率因数的提高； (16) 三相交流电源的产生及特点； (17) 三相负载的连接及电流电压关系； (18) 三相电路的计算及功率； (19) 安全用电常识	
电子技术	掌握电工基础知识，机械基础及电子电力技术相关知识	(1) 半导体的类型及性质； (2) PN结的单向导电性； (3) 二极管结构、符号、性质、特性及主要参数； (4) 特殊二极管及其应用； (5) 半导体二极管测试半导体二极管； (6) 用万用表测量命名及识别方法； (7) 三极管及其特性； (8) 共发射极放大电路的分析； (9) 差分放大电路、负反馈放大电路、功率放大电路的性能分析； (10) 集成运放的应用电路； (11) 集成运放的典型应用电路； (12) 单相整流滤波稳压器； (13) 线性集成稳压器； (14) 开关稳压电源； (15) 直流稳压电源的调整与测试；	本课程是机电一体化技术专业的一门公共学习领域专业基础课程，以模拟电子电路为载体，将典型模拟电路设计、调试与应用有机融合的理论性、实践性都较强的课程

续表

课程名称	支撑典型工作任务的基本知识	基于课程的基本知识	内容简介
电子技术	掌握电工基础知识、机械基础及电子电力技术相关知识	(16) 集成直流稳压电源的设计； (17) 数字电路的基础知识； (18) 逻辑函数的表示、化简方法； (19) 组合逻辑电路的设计和分析； (20) 各种触发器的功能分析； (21) 时序逻辑电路的设计和分析； (22) 计数器的功能应用	
新能源电源变换技术	掌握电工基础知识、机械基础及电子电力技术相关知识	(1) 晶闸管的结构、特性和工作原理； (2) 电力晶闸管的结构、特性和工作原理； (3) 可关断晶闸管的结构、特性和工作原理； (4) 功率场效应晶体管的结构、特性和工作原理； (5) 绝缘栅双极晶体管的结构、特性和工作原理； (6) 晶闸管触发电路原理； (7) 电力晶体管驱动电路原理； (8) 可关断晶闸管驱动电路原理； (9) 功率场效应管驱动电路原理； (10) 绝缘栅双极型晶体管驱动电路原理； (11) 单相可控整流电路原理； (12) 三相可控整流电路原理； (13) 电压型逆变器电路原理； (14) 电流型逆变电路原理； (15) 三相有源逆变器电路原理	对电力电子器件及应用有初步认识的基础上，能组建并调试简单可控开关电路、整流电路和逆变电路

续表

课程名称	支撑典型工作任务的基本知识	基于课程的基本知识	内容简介
智能微电网应用技术	(1) 掌握光伏发电系统、分布式系统结构、分类知识； (2) 掌握智能微电网的构成和主要设备知识； (3) 了解智能微电网分布式电源及储能、运行技术	(1) 智能微电网的发展历程、现状及分析； (2) 微电网的分类标准及其分类； (3) 微电网的并网运行和离网运行； (4) 微电网中的分布式发电； (5) 独立微电网的三态控制； (6) 微电网的逆变器控制、并离网控制及运行策略； (7) 微电网的继电保护装置； (8) 微电网的监控和能量管理系统； (9) 智能微电网的通信系统； (10) 微电网的保护性接地； (11) 微电网的谐波治理（滤波技术）； (12) 微电网的相关标准及规范	从实例入手，通过分析微电网对传统配电网的影响，提出目前存在的问题，从实际解决问题的角度进行阐述和剖析技术，从工程应用的角度去解读
供配电技术	掌握供配电基础知识	(1) 供配电系统的认识； (2) 电力系统中性点的运行方式及特点； (3) 电力变压器与互感器； (4) 电力开关、熔断器和避雷器； (5) 无功补偿设备和成套配电装置； (6) 电力负荷计算； (7) 短路电流的计算； (8) 企业变配电所的主结线的基本结构、规范与设计； (9) 楼宇/车间用电的规范与设计； (10) 输电线路的安装； (11) 继电保护装置； (12) 过电压保护装置； (13) 过电流保护装置； (14) 供配电系统的二次回路； (15) 供配电系统的自动装置； (16) 安全用电措施与触电急救； (17) 供配电系统无功补偿； (18) 供配电系统的运行维护； (19) 供配电系统的测量与检修	使学生基本熟悉企业供配电系统结构、原理，初步掌握变配电运行及管理、电气设备的操作与维护，供电系统及设备的故障分析及排除等技能

续表

课程名称	支撑典型工作任务的基本知识	基于课程的基本知识	内容简介
项目销售及客户关系管理	(1) 熟悉销售管理、客户关系管理基本知识; (2) 掌握销售分析的方法和工作程序	(1) 认识销售经理的岗位特点,了解销售经理的岗位职责与职权,掌握销售经理应具有的意志品质; (2) 认识销售计划在销售管理中的重要性,了解销售计划的分类,掌握销售计划制订的原则; (3) 认识销售定额分配工作的重要性,了解销售定额的特征,掌握销售定额的主要内容; (4) 了解销售组织的类型、掌握构建销售组织应考虑的因素和销售组织构建的原则; (5) 掌握销售分析的内容,掌握销售组织分析工作的程序; (6) 了解销售成本分析的目的,掌握销售成本分析的内容; (7) 了解销售人员招聘的流程,掌握销售人员招聘计划要点; (8) 了解销售人员培训的目的,掌握销售人员培训方法; (9) 了解销售人员薪酬设计应考虑的因素,掌握销售人员薪酬设计的原则; (10) 了解销售人员的期望和激励方式,掌握销售人员的激励原则; (11) 了解销售人员绩效考核的特点与目的,掌握销售人员绩效考核的原则; (12) 认识客户关系管理,了解客户关系管理的由来,掌握客户关系管理的原则; (13) 认识客户投诉,了解客户投诉的基本内容,处理客户投诉的原则; (14) 认识客户服务与服务质量,掌握影响客户服务质量的评价标准,掌握影响客户服务质量的因素; (15) 认识客户满意度,掌握影响客户满意度的因素; (16) 认识客户忠诚的价值,掌握影响客户忠诚的因素	以管理学、市场营销学理论为基础,从销售经理的角度,介绍企业营销管理所涉及的主要理论与实务,是集理论性与实践性为一体的专业课程

5.5.4 专业课程体系基本结构

1. 专业课程体系基本结构

专业课程体系基本结构如图 5-1 所示。

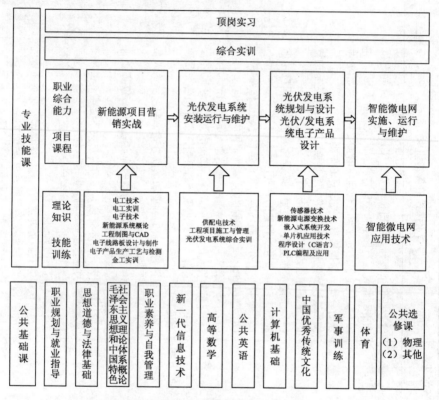

图 5-1 专业课程体系基本结构图

2. 专业课程体系中几大课程模块

1）公共课程模块

根据党和国家有关文件明确规定，将思想政治理论课、中华优秀传统文化、体育、军事课、大学生职业发展与就业指导、心理健康教育、计算机基础、信息技术等课程列入公共基础必修课程，将马克思主义理论类课程、党史国史、大学语文、高等数学、基础物理、公共外语、美育课程、职业素养等列为必修课或选修课。

2）专业和专业类理论课程模块

一般设置 6~8 门。课程名称可以有差异，但主要教学内容应包括工程制图与 AutoCAD、电工技术、电子技术（模电数电）、单片机应用技术、光伏发电技术基础、新能源系统概论。

3）专业和专业类技术技能课程模块

软件编程技能模块，涵盖"程序设计（C 语言）""单片机应用技术""嵌入式系统开发""光伏发电系统综合实训""光伏/发电系统电子产品设计"等课程。（单片机实训室：单片机试验箱，计算机）

PCB 板设计技能模块，涵盖"电子技术""新能源电源变换技术""电子线路板设计与制作""光伏/发电系统电子产品设计"等课程。（电子生产工艺实训室：计算机、PROTEL、PCB 制板设备）

电气控制技术模块，涵盖"PLC 控制技术""智能微电网应用技术""光伏发电系统综合实训""光伏发电系统安装运行与维护""智能微电网实施、运行与维护"等课程。（电力电子实训室：电力电子实训装置）

4）专业课程模块

专业课程模块包括光伏发电系统电子产品设计（电子产品装配实训设备）、新能源项目营销实战（企业经营模拟沙盘实训设备）、光伏发电系统规划与设计（PV 光伏仿真规划实训软件或装置）、光伏发电系统安装运行与维护（kW 级光伏发电系统实训设备）、光伏发电系统综合实训（kW 级光伏发电系统实训设备）、智能微电网应用技术（光伏电子工程设计与实施实训设备）、智能微电网实施及运维（风光储一体化智能微电网实训设备）。

3. 专业教学计划

专业教学计划见表5-25。

表5-25 专业教学计划表

课程类别	编号	课程名称	学分	学时分配		各学期学时分配						备注
				总学时	理论	实践	1	2	3	4	5	6	
公共基础（平台）课程	REE-01	思想道德修养与法律基础	3	45			45						
	REE-02	毛泽东思想和中国特色社会主义理论体系概论	4	64					32	32			
	REE-03	中国优秀传统文化（立德树人教育）	2	32			16		16				
	REE-04	高等数学	4	60			60						
	REE-05	公共英语	8	124			60	64					
	REE-06	计算机基础	4	60			60						
	REE-07	体育	4	62			30	32					
	REE-08	职业素养与自我管理	1	15			15						
	REE-09	职业规划与就业指导	1	15							15		
	REE-10	新一代信息技术	1	15			15						
	REE-11	军事训练	2	60			60						
	小 计		34	552			361	128	48	0	15	0	
专业基本理论知识（平台）课程	REE-12	工程制图与AutoCAD	4	64				64					
	REE-13	电工技术	4	64			64						
	REE-14	电子技术	6	96				96					
	REE-15	新能源电源变换技术	4	64					64				

续表

课程类别	编号	课程名称	学分	学时分配		各学期学时分配						备注
				总学时	理论	实践	1	2	3	4	5	6	
专业基本理论知识（平台）课程	REE-16	单片机应用技术	4	64					64				
	REE-17	程序设计（C语言）	4	64				32	32				
	REE-18	嵌入式系统开发	4	64						64			
	REE-19	PLC编程及应用	4	64						64			
	REE-20	传感器技术	4	64					64				
	REE-21	供配电技术	3	48						48			
	REE-22	新能源系统概论	2	32				32					
	REE-23	工程项目施工与管理	4	64							64		
	REE-24	智能微电网应用技术	4	64							64		
	小计		50	816			64	224	224	176	128	0	
专业基本技能训练（平台）课程	REE-25	电子产品生产工艺与检测	2	56						56			
	REE-26	电工实训	1	28				28					
	REE-27	金工实训	1	28				28					
	REE-28	电子线路板设计与制作	2	56						56			
	REE-29	光伏发电系统综合实训	2	56							56		
	小计		8	224			0	56	56	56	56	0	
综合职业能力（项目）课程	REE-30	新能源项目营销实战	1	16						16			
	REE-31	光伏发电系统安装运行与维护	3	48						48			
	REE-32	光伏发电系统规划与设计	4	64							64		

续表

课程类别	编号	课程名称	学分	学时分配		各学期学时分配						备注
				总学时	理论 实践	1	2	3	4	5	6	
综合职业能力（项目）课程	REE-33	光伏/发电系统电子产品设计	4	64					64			
	REE-34	智能微电网实施、运行与维护	4	64						64		
		小计	16	256		0	0	64	64	128	0	
毕业集中实践课程	REE-35	顶岗实习	16	448							448	
		小计	16	448		0	0	0	0	0	448	
合计			125	2 296		425	408	392	296	327	448	

5.5.5 专业特色和优势

1. 培养目标

"光伏工程技术"专业课程体系开发基于"专业（职业）调研—专业定位分析—技术与职业分析—专业课程体系设计"的开发路径，通过对光伏产业链岗位及职业能力进行调研分析，从太阳能发电、分布式发电、智能微网、能源管理、电子应用产品开发、电力工程主网与配网等技术领域择取典型工作任务，并将其按照职业能力归类，汇总职业领域整体能力要求进行培养目标设计。其培养目标具有高度的交叉复合性，能够有效提升人才培养的普适性与职业岗位迁移能力。同时，通过职业拓展分析，进一步拓宽专业就业领域，实现个性化培养与拔尖创新人才培养。

2. 多维教学方案设计实现赋能于人的培养目标

1) 专业核心基础技能

专业核心基础技能模块指贯穿全年级教学过程,能够支撑多数典型工作任务,通过多种类型的课程完成学习、训练、巩固、提升的智力技能。本专业归纳的专业基础技能有三个模块:软件编程技能模块、PCB板设计技能模块、电气控制技术模块,模块课程详见以上相关部分。

2) 实验实训课程设计

"光伏工程技术"专业注重理实一体化的课程设计,通过将能够实现新能源产能模拟的智慧新能源实训系统以及光伏工程实训室等实践环境进入教学,形成教室与实训室一体化的配置,专业知识学习与职业技能操作一体化的教学模式,培养学生理论联系实际的更高水平的操作能力。

3) 依托项目锻造综合素质

"光伏工程技术"专业设置典型项目案例为工作任务,学生通过对项目的实施,在项目完成过程中获取流程与资源管理能力、观察与创造能力、逻辑分析与独立思考能力、解决问题与创新创业的能力,并通过对项目报告的撰写,获得表达能力的提升;通过更加开放的教学环境与教学模式以及对价值观潜移默化的传播,实现赋能于人的同时促进学子健全人格的养成。

3. 非认知技能的培养

在层次化、个性化人才培养过程中,更加注重坚持力、自控力、好奇心、自省力、坚韧、自信心、社交能力组成的"非认知技能"的培养和提升,促进学生在未来职业生涯的持续提升,能够更好地适应工业3.0到工业4.0的转型对人才的需求。

4. 个性化学习设计与因材施教设计

为实现培养多样化人才的专业建设目标,"光伏工程技术"专业在专业课程模块之外,在充分调研的基础上基于岗位进行核心技能分析,归纳为培养专项能力的个性化、选择性的模块课程设计。以多层次、关联岗位为特征的个性化模块课程设计,能够满足学生基础能力建成之后的个性化发展延伸,形成兼顾基础性、应用性,多元化、个性化的模块化课程体系。学生可根据自身兴趣与实际进行自主安排,通过个性化模块课程的学习打造自身跻身未来产业环境的独特竞争力。具体为:

(1)根据学生个性差异,由学生自主选择个性化学习方向,主要通过在线开放课程学习,教师指导,完成方向模块课程学习,拓展学生个体知识与技能。

(2)由教师、企业、学生三方双向选择,以校企工作室、技能竞赛为载体,通过真实工作项目或竞赛任务,采用项目教学法、案例教学法、仿真教学法、角色扮演教学法等,挖掘学生个人潜能,对具有某一方面卓越才能的学生进行进一步单独培养。

5. 数字化教学资源设计或需求设计

"光伏工程技术"专业课程开发过程中强调信息化教学的开展,专业课程体系相关课程均采用数字化的表达方式,课程发布集中于信息化教学平台——SOL在线(www.soledu.cn,见图5-2)——上进行,对教学资源进行整合与共享。线上资源包括各类专业课程、精品课程以及实训课程。学生通过网络完成学习任务,可在获取专业知识的同时,养成自主学习、灵活学习以及自我管理的能力。

图 5-2　SOL 在线

SOL 在线为新能源在线教育综合服务平台，致力于与院校、教师、企业成为新能源在线教育创新型合作伙伴，共建共享高品质的教学资源，促进新能源教学方法改革，提升学员职业竞争力，共同打造新能源在线教育生态圈，最终实现产教学共赢。主要从以下三个方面服务新能源人才培养：

（1）甄选海量优质课程资源。SOL 在线网罗名师进行专业课程内容设计编写及录制，通过对内容的深度加工形成包括录播、MG 动画、VR 视频等方式上线，为教师与学生提供多样化的学习选择。

（2）服务教师信息化教学管理。平台可满足院校信息化教学的管理需求，对学生上课质量进行反馈，将学生的在线学习数据汇总呈现给任课教师；同时，教师可以在线为学生解答疑惑，提高教学效率。

（3）能岗相契的人才选拔捷径。平台设置企业定制课程，完成相应课程的学习可获得对应企业的任职资格，并为学生颁发能力认证证书。企业可以通过平台追溯学生学习轨迹，对个人基本能力与素质形成初步认知，节约双向选择的时间成本。

（以上案例主要由孙学耕、陆胜洁、黄建华、梁强、郭勇、夏东盛、桑宁如等研制并提供）

第三部分

启航新征程,创新中国特色高等职业教育

  在全面建设社会主义现代化国家新征程中，职业教育前途广阔、大有可为。要坚持党的领导，坚持正确办学方向，坚持立德树人，优化职业教育类型定位，深化产教融合、校企合作，深入推进育人方式、办学模式改革，培养更多高素质技术技能人才、能工巧匠、大国工匠，为全面建设社会主义现代化国家、实现中华民族伟大复兴的中国梦提供有力人才和技能支撑。

第 6 章　转变高等职业教育发展理念

　　我国高等职业教育发展始于 20 世纪 80 年代。90 年代初，伴随我国改革开放和经济发展对技术技能人才的需求，国家提出和实施"三教统筹""三改一补"政策，进一步明确了高等职业教育的办学主体、发展方向和办学特色。即以当时的高等专科学校，短期职业大学和独立设置的成人高校进行改革，改组和改制，并选择部分符合条件的中专改办。这些新设置的高等职业技术院校均为专科层次，主要面向地区经济建设和社会发展培养生产，服务和管理第一线需要和适用型人才。这一政策对我国高等职业教育改革和发展起了重大推动作用。当时国际上职业教育在理念、模式和教学实践都积累了很多经验，发展状态优先于我国。所以在高等职业教育发展的前三十年中采用的是"学习借鉴、跟随发展"的发展理念。进入 21 世纪第二个十年，我国经济发展已走在世界前列，新形势要求高等职业教育适应新工业革命的进程，这无疑对高等职业教育形成新的挑战，也是我国高等职业教育实现跨越式发展，达到国际先进水平的难得机遇。抓住机遇理念优先，我国高等职业教育及时从"学习借鉴、跟随发展"的发展理念转变为"经验共鉴、协同共进"的发展理念。

6.1　近三十年高等职业教育"学习借鉴、跟随发展"的发展理念

　　我国近三十年高等职业教育是以借鉴国际先进职业教育理念和实践经验为

主导，逐步实现从学科导向的职业教育向能力本位、技能导向的职业教育转型。从学习借鉴北美的 CBE，到借鉴澳洲的 TAFE，再到学习借鉴德国的设计导向，向世界各国学习的根本原因在于一些发达国家的职业教育更适应工业化发展对技术技能型人才的需求。在我国改革开放，开启现代工业化的进程后，需要更适应经济社会发展的职业教育，将更先进的职业教育理念、模式引进我国就成为职业教育改革的主要指导思想。可以将这一阶段的职业教育改革发展理念概括为"学习借鉴、跟随发展"。

德国设计导向的职业教育理念和基于工作过程的人才培养模式本质上是适应经济从工业 2.0 向工业 3.0 发展的产物。从 2006 年开始，教育部推动学习德国设计导向职业教育理念和基于工作过程人才培养模式的改革，实质上已经将中国高等职业教育推向了新的发展阶段，但由于当时中国经济还未进入转型升级阶段，高等职业教育对设计导向的需求还不迫切，所以其实施效果并不明显，且同期我国的高等职业发展理念和参照模式也都有所不同。

进入 21 世纪第二个十年，新工业革命推动我国经济社会发展新形势，促使高等职业教育开启了又一次改革发展的进程。与之前不同的是，当前我国经济发展已经进入世界前列，我国新工业革命与工业 3.0、工业 4.0 内涵基本一致，与世界发达国家的经济发展并驾齐驱、互有领先，也同样面临各种问题需要解决，同时对职业教育人才培养提出了新的要求，很多问题需要大家共同探索解决。但又由于国情不同，采取的发展战略也将有所差别，如人工智能、数字经济、绿色发展等重大发展战略都是我国经济社会发展新形势的产物，由此也决定职业教育的发展理念、模式、实施策略等会有所不同，单纯学习借鉴难于解决当前存在的问题，这也是德国设计导向的职业教育理念和基于工作过程人才培养模式难于在我国照搬的原因之一。

要解决这一阶段职业教育的问题，必须首先实现职业人才培养理念的更新，转变"学习借鉴、跟随发展"的职业教育理念，构建"经验共鉴、协同共进"的发展理念。同时对于高等职业教育而言，要努力形成以适应引领经济社会发展新形势、提高人才培养质量为目标；以填补新形势对职业教育人才的新需求为主要任务；以学习借鉴世界各国先进职业教育经验为参考；以继承我国三十年高职发展改革成果为基础，努力构建具有中国特色的高水平高等职业教育。

6.2 从"学习借鉴、跟随发展"转变为"经验共鉴、协同共进"的发展理念

如前所述，高等职业教育第一阶段（1990—2005年）的改革旨在适应我国改革开放和向工业化大国发展，即工业1.0和工业2.0时期对职业人才的需求，和高等职业教育从大学专科的学科本位向高等职业教育能力本位、技能导向的转变。在高等职业教育专业构建如何处理"学科、专业、职业"三者之间关系这一基本问题中，主要解决了专业教学以职业需求为起点的模式设计问题，由此形成系统化的能力本位、技能导向的高等职业教育理念、模式、方法、规范、标准；初步形成了以多媒体多功能教室为主体的课堂教学信息化环境；提升了对高等职业教育产学合作的认识。由于当时一些发达国家已经历了这一经济发展阶段，其职业教育也实现了适应这一阶段经济社会发展对人才的需求，积累了先进的职业教育经验，所以我国在这一阶段高等职业教育教学改革过程中，始终注意学习借鉴发达国家职业教育经验，并形成以"学习借鉴、跟随发展"为主的高等职业教育改革发展理念。

从21世纪第二个十年开始的高等职业教育第二阶段改革，其动因仍然来自

我国经济社会发展的变化。进入 21 世纪第二个十年，我国经济发展已走在世界前列，工业化发展已开启工业 3.0 和工业 4.0 的新工业革命进程，新形势要求高等职业教育培养出适应新工业革命进程的人才，这无疑对高等职业教育形成新的挑战，也是使我国职业教育面临实现弯道超车、跨越式发展，达到国际先进水平的难得发展机遇。当前我们正处于第二阶段高等职业教育教学改革的新征程之中，首先必须转变高职改革发展的理念，要从"学习借鉴、跟随发展"的理念转变为"经验共鉴、协同共进"的理念。这一新的发展理念可以包括三方面的内涵：第一，要继续借鉴发达国家先进的职业教育经验，同时要广泛开展国际交流合作，推广我们的职业教育成果和发展经验，帮助其他国家（如"一带一路"沿线国家、金砖国家等）发展职业教育，实现国际职业教育的共同提高；第二，在共同发展基础上要努力解决新工业革命对职业教育提出的新问题，抢占发展先机和制高点，力争我国职业教育达到国际水平和领先地位；第三，要使我国高等职业教育在国际职业教育中具有鲜明特点，形成高等职业教育的中国特色。

"经验共鉴、协同共进"的高等职业教育发展理念的特征主要体现在如下三个方面：

1. 借鉴

由于发达国家职业教育由单纯技能导向向综合能力（如德国职业教育的设计导向）导向转型是在工业 2.0 向工业 3.0 发展时期提出的，大约起自 20 世纪八九十年代。他们在实现职业教育现代化方面已经积累了很多经验，因此在新阶段高等职业教育改革中仍应坚持以借鉴的态度，学习先进经验，实施跟随发展。

2. 协同共进

由于发达国家职业教育转型发展是在工业 2.0 向工业 3.0 发展时期提出的，

而当今世界科学技术革命已将人类工业化进程推向工业 4.0，与我国新工业革命内涵基本相同，说明我国经济社会发展和工业化进程已与国际先进水平趋于一致，同时我国职业教育也面临国际社会为适应新工业革命产生的一系列相同有待解决的新问题，谁能先解决这方面问题谁就能争得职业教育的国际领先地位，这也正是为我们提供了抢占先机，深化高等职业教育改革，力争国际领先水平一次难得的机遇。

3．凝练特色

职业教育的国际先进水平和领先地位并不一定意味着中国特色，先进和领先可能是暂时的，别人通过借鉴赶上先进，先进就会变成常态。而特色除了先进性还要具备独特性，中国有自己的国情和发展个性，其职业教育也应具有自己与众不同的特色，在实现职业教育先进和领先过程中也要注意创新职业教育的中国特色。

第 7 章 加强社会主义核心价值观和信息素养培养

发展新时代高等职业教育核心任务是探索适应科学技术革命和产业发展需要的中国特色高等职业教育，加强社会主义核心价值观和信息素养培养将是高等职业教育中国特色的重要体现。本章将从立德树人根本任务、信息素养养成教育和加强思维能力培养三方面进行阐述。

7.1 立德树人是根本任务

课程思政作为一种新的教育理念，是新时期加强高校人才培养和思想政治教育的新要求、新举措、新方向，从根本上回应了"为谁培养人、培养什么样的人、怎样培养人"等重大理论与实践问题。近年来，课程思政逐步在高等学校推行和实施，强调以立德树人为目标，以"全员、全程、全方位"育人为引领，推进各类专业课程与思想政治理论课同向同行。做好高校思想政治工作，重视青年大学生的世界观、人生观、价值观教育十分重要，因此专业课程的思想政治教育就是要实现与思想政治理论课同向同行的协同效应，为党育人，为国育才，培养既具备深厚学科知识、精深技术技能、较强专业素养和实践动手能力，又具有家国情怀、国际视野、创新精神和使命担当，堪当民族复兴大任的时代新人。

2020年5月，教育部颁布《高等学校课程思政建设指导纲要》（以下简称《纲要》），对课程思政的开展明确了路线图。课程思政明确了要把做人做事的基本道理、把社会主义核心价值观的要求、把实现民族复兴的理想和责任融入各类课程教学之中，要求更明确，行为更规范。贯彻落实《纲要》精神，就要发挥"课堂教学"这一"主渠道"作用，"将课程思政融入课堂教学全过程"。《纲要》要求："要根据不同学科专业的特色和优势，深入研究不同专业的育人目标"，教学上要"落实到课程目标设计"。课程思政的主题一般可分为以下几类：

1. 培养家国情怀、民族精神

紧密结合专业教学，从思想触动、精神升华、行动转化各层面，结合专业中的具体问题，"延伸"到家国情怀、民族精神。如课程中必然会涉及大量与中国科学家有关的成果，这可成为思想政治教育教学的最佳切入点。让学生深刻领会家国情怀、民族精神在实现中华民族伟大复兴中的作用，引导学生思维向更深处探寻，明确立足专业领域"我应该如何"，进而实现向行动的转换。

2. 融入三观教育

开展三观教育，树立正确的价值观、世界观、人生观是课程思政的重要主题，课程思政教学中，必然涉及一些基本的思想政治教育知识点，这些知识点在思想政治理论课中也有涉及，但脱离具体情境无法讲清楚。而这类主题均为专业课程的重要或基本思想政治教育问题，学生应掌握其知识，并能结合专业课程进行理解和运用。在这种主题的教学中，要坚持价值性和知识性相统一，即在帮助学生掌握知识的同时，实现三观引导。教师应该厘清这类主题与学生既有知识结构、生活经验以及社会现实之间的关联，激发学生的学习兴趣。

3. 建立道德规范

课程思政是学生思想道德修养的一种载体，教师在传授课程知识的同时，引导学生将所学的知识德育元素转化为内在德行，转化为精神系统的组成部分，转化为内在素质和能力，以认识和改变世界，提高参加社会实践和服务社会的能力。即所有课程的知识体系都体现思政德育元素，所有教学活动都肩负起立德树人的功能，全体教师都承担起立德树人的职责，通过课程思政达到把大学生培养成为社会主义事业合格接班人的作用。

尊重道德内化的本质和规律。人的德行不是天生的，是人在后天的社会实践过程中形成的。道德内化应遵循大学生成长规律，社会道德转化为个体道德，在道德内化形成和发展中起着支配作用，具有他律性和自律性，模仿学习和自我强化。教育者根据社会发展的要求和受教育者精神世界发展的现状，运用一定的方法和手段，以社会要求的思想品德规范去影响受教育者，消除学生思想品德水平与社会道德规范要求之间的差距，使学生的思想品德朝着社会期待的方向发展并不断提高到新水平。课程思政要引导大学生求真、求美、向善，促进大学生思想道德素质的有效提升，全面提高大学生的综合素质，帮助大学生成为有道德修养的人。

4. 提升职业素质

提升职业素质的目的在于帮助学生结合所学专业进行行为规范、自我约束，提高职业素质。通过产学合作将职业要求带入专业教学，并针对当前学生中存在的问题提高认识、落实于行动。例如，"诚信"是职业素质的基本要求，也是当前学生中存在的问题，表现于专业学习、技能竞赛等多方面，可以结合专业学习和活动针对存在的问题进行解决，以帮助学生思考如何在当下的学习和将来的工作中遵守职业规范与诚信。

5. 培育批判性思维和批判性反思能力

如何认识、分析专业领域的各种新问题、新现象,并形成自己的立场、观点、态度、处理方法,是课程思政教学需要为大学生解决的。《纲要》强调,"课程思政建设目标要求和内容重点"要解决好三方面的问题,即立场与态度、应对策略、行动,实质上就是要在传播马克思主义立场、观点、方法的基础上,能够用好批判性思维和批判性反思的武器,直面各种错误观点和思潮,旗帜鲜明地进行剖析和批判。

7.2 信息素养成为数字社会公民的基本素养

人类正逐步迈进信息社会,社会发展要求公民具备信息素养。信息素养主要包括信息文化素养、信息意识、信息技能、信息情感四方面内容。看一个人有没有信息素养,有多高的信息素养,首先要看他有没有信息意识,信息意识有多强。也就是碰到实际问题时,他能不能想到用信息技术去解决。信息意识是指对信息、信息问题的敏感程度,是对信息的捕捉、分析、判断和吸收的自觉程度。发现信息、捕获信息,想到用信息技术去解决问题,是信息意识的表现。但能不能采取适当的方式方法,选择适合的信息技术及工具,通过恰当的途径去解决问题,则要看有没有信息能力了。信息能力是指运用信息知识、技术和工具解决信息问题的能力。它包括信息的基本概念和原理等知识的理解和掌握、信息资源的收集整理与管理、信息技术及其工具的选择和使用、信息处理过程的设计等能力。信息技术,特别是网络技术的发展,给人们的生活、学习和工作方式带来了根本性变革，同时也引出了许多新问题。如个人信息隐私权、软件知识产权、软件使用者权益、网络信息传播、网络黑客等。针对这些信息问题，出现了调整人们之间以及个人和社会之间信息关系的行为规范，这就形成了信息伦理。

教育部发布的《高等职业教育专科信息技术课程标准》中首次提出了信息技术课程的学科核心素养标准，即信息素养的概念，并结合信息技术课程给出了信息素养的定义。

信息素养是学科育人价值的集中体现，是学生通过课程学习与实践所掌握的相关知识和技能，以及逐步形成的正确价值观、必备品格和关键能力。高等职业学校信息技术课程的信息素养由信息意识、计算思维、数字化创新与发展、信息社会责任四个方面组成。

1. 信息意识

信息意识是指个体对信息的敏感度和对信息价值的判断力。具备信息意识的学生，能了解信息及信息素养在现代社会中的作用与价值，主动地寻求恰当方式捕获、提取和分析信息，以有效的方法和手段判断信息的可靠性、真实性、准确性和目的性，对信息可能产生的影响进行预期分析，自觉地充分利用信息解决生活、学习和工作中的实际问题，具有团队协作精神，善于与他人合作、共享信息，实现信息的更大价值。

2. 计算思维

计算思维是指个体在问题求解、系统设计的过程中，运用计算机科学领域的思想与实践方法所产生的一系列思维活动。具备计算思维的学生，能采用计算机可以处理的方式界定问题、抽象特征、建立模型、组织数据，能综合利用各种信息资源、科学方法和信息技术工具解决问题，能将这种解决问题的思维方式迁移运用到职业岗位与生活情境的相关问题中。

3. 数字化创新与发展

数字化创新与发展是指个体综合利用相关数字化资源与工具，完成学习任务，并具备创造性地解决问题的能力。具备数字化创新与发展素养的学生，能理解数字化学习环境的优势和局限，能从信息化角度分析问题的解决路径，并将信息技术与所学专业技术相融合，通过创新思维、具体实践使问题得以解决；能运用数字化资源与工具，养成数字化学习与实践创新的习惯，开展自主学习、协同工作、知识分享与创新创业实践，形成可持续发展能力。

4. 信息社会责任

信息社会责任是指在信息社会中，个体在文化修养、道德规范和行为自律等方面应尽的责任。具备信息社会责任的学生，在现实世界和虚拟空间中都能遵守相关法律法规，信守信息社会的道德与伦理准则；具备较强的信息安全意识与防护能力，能有效维护信息活动中个人、他人的合法权益和公共信息安全；关注信息技术创新所带来的社会问题，对信息技术创新所产生的新观念和新事物，能从社会发展、职业发展的视角进行理性的判断，并采取负责的行动。

信息素养的提出是对信息技术课程内容的重要升华，是在数字社会中人的素养教育和培养的基本要求，是信息技术课程乃至所有相关课程新的培养目标。如何将信息素养贯穿于信息技术类课程，提升学生的信息素养，成为信息技术类课程的重要方面和主要任务。

7.3 高等职业教育要加强思维能力培养

思维是一种脑力运动，人们遇到问题时，总要"想一想"，这种想的过程就是思维。最初的"想一想"都是很简单的问题，随着成长和学习，面对的问题越来越复杂，需要经过分析、总结、概括、抽象、比较、具体化、系统化等一系列过程，思维的过程越来越复杂，这个过程执行的速度、质量则是因人而异。思维能力就是衡量思维活动能力的，通常评价思维能力可以从广度、深度、敏锐度、严密度、批判度、创造程度六个维度来衡量。思维和思维能力是哲学和心理学概念。

高等职业教育实施以能力为导向的教育。能力早期是指操作技能或动手能力，后来发展到综合职业能力，尤其是解决问题的能力。解决问题实际已经包含某些思维能力，但此前在高等职业教育中未明确提出思维能力培养。《高等职业教育专科信息技术课程标准（2021 年版）》首次提出计算思维能力培养。在数字时代随着人工智能技术的发展，机器人已经拥有一定的智力，必须加强人的思维能力培养，尤其是指挥操作机器人的技术技能人才更要提升自己的思维能力。

计算思维是 2006 年美国卡内基梅隆大学的周以真教授在 ACM 会刊首次提出的，计算思维是运用计算机科学的思维方式进行问题求解、系统设计，以及人类行为理解等一系列的思维活动。计算思维是一种思维过程，可以脱离计算机、互联网、人工智能等技术独立存在。这种思维是未来世界认知、思考的常态思维方式，它帮助人们理解并驾驭未来世界。计算思维来自计算机技术，而应用于方方面面，也就是说，计算思维已不仅属于计算领域，而是上升到哲学和心理学层面。伴随新一代信息技术发展，人们又提出了数据思维、人工智能思维，这些新的思维形式是信息技术发展到新阶段的产物，这里统称为信息思维。提升学生的信息思维能力将成为高等职业教育的重要方面，也成为信息技术类专业和课程的主要责任。

7.4 课程思政教学案例 ——"程序设计基础"课程

"程序设计基础"是一门研究 C 语言基本知识与结构化程序设计方法，并采用 C 语言进行结构化程序设计的基础课程，内容包括 C 语言的数据类型、程序结构、各种语句、函数、预处理、文件、结构化程序设计方法，以及相应知识的应用。该课程以应用性、趣味性为背景，以程序设计方法为核心，以算法、数据结构为主线，使学生掌握程序设计的基本方法和思维方法，把程序设计领域最有价值的思想和方法渗透到 C 语言中，培养学生灵活运用这些思想和方法分析和解决实际问题的能力。

将"课程思政"融入教学体系，实现知识传授与思政教育同频共振，培养专业技能精湛、职业道德卓越的程序设计工程师。课程采用线上线下混合式授课方式，借助于爱课程（中国大学 MOOC）的慕课课堂作为信息化教学工具，配备多种形式的教学资源，以项目为主线，激发学生自主学习意识，从"以教师为中心"转向"以学生为中心"。

1. 课程目标

素质目标

（1）遵纪守法、诚实守信，具有责任感和团队合作意识；

（2）培养勇于探索的创新精神和精益求精的工匠精神；

（3）欣赏 C 语言之美，理解 C 语言之妙，感受 C 语言的无穷乐趣；

(4) 厚植中国情怀，激发学生科技报国的家国情怀和使命担当。

知识目标

(1) 掌握程序设计、程序调试的方法和技巧；

(2) 学会简单数据结构和常用算法。

技能目标

(1) 具有灵活运用专业理论知识、编程思想和方法分析解决实际问题的能力；

(2) 具有自主学习、终身学习的能力；

(3) 培养学生绘制思维导图、文档撰写的能力。

思政元素融入方式

以"职业精神、中国情怀、党史育人"为主线，将思政元素融入线上线下六个实际教学项目。从"线上教学资源""线下教学项目""课程教学管理""课程考试考证"这四个维度，采用"教学平台爱课程""国家规划教材""独创活页学材""教学工具慕课堂""教学环境 OnlineJudge""游戏教学软件 Blockly"等多元化的教学手段，实施线上线下"4+N"混合式"课程思政"教学。综合培养高职学生灵活运用专业理论知识、编程思想和方法分析解决实际问题的实践能力、勇于探索的创新精神、精益求精的工匠精神、科技报国的家国情怀和使命担当。

2. 思政目标融入程序设计课程的例子

1) 线下教学项目"万年历"案例

"万年历"项目的教学共计四大主题，整个项目实施的过程中将中国文化、中国历史、工匠精神、守正出奇教育贯彻始终，实现知识传授与思政教育同频共振，培养专业技能精湛、职业道德卓越的程序设计工程师。

(1) 中国文化：整个教学项目自始至终以具有诗情画意的古诗文开篇。第一主题，万年历之今夕是何年。从宋代词人苏东坡的著名诗句"水调歌头"唱起，引入"今夕是何年"的主题。将古诗词中对"春、夏、秋、冬"的吟诵带入课堂，引导学生认识到中国传统文化对万年历的深远影响，传承中国文化。

(2) 中国历史：第二主题，万年历之穿越千年。学生在重要时间节点上进行穿越，从封建社会到新中国成立，通过新旧社会对比，体会我们今天幸福生活的来之不易。从1921年7月中国共产党成立，1946年2月第一台计算机问世，1949年10月新中国成立，直至2017年10月中国共产党第十九次全国代表大会胜利召开，跟随影片，感受科技的进步、中国的发展、时代的变革。鼓励学生不忘初心，牢记使命，为实现中华民族伟大复兴的中国梦不懈奋斗。

(3) 工匠精神：第三主题，万年历之精工细琢。以孟子的名句开篇，引出主题时间与空间的取舍，在科技的发展和时代的变迁下，取舍的内容不同。反问学生：时间都去哪儿了？自古以来无数名人名家曾感叹时间的重要，让学生在对名家名句的吟诵中，体会中国情怀。在挽回程序中的时间后，反问生活中的时间如何挽回。发人深省的课堂教学，让学生深刻领悟时间哲学：程序里的时间可以找回，但是生活中的时间我们无法找回，所以应该珍惜时间，珍惜生命，珍惜自己的青春年华，努力学习，为祖国贡献自己的力量。学生跟随老师的脚步，通过"知目的、定结构、巧引用"口诀学会数组的使用方法和应用技巧。一份优秀的作品要经得起千锤百炼的精工细琢。经过反复打磨和锤炼，任何一份作品都是艺术品。程序优化的过程，就是精工细琢的过程，这就是工匠精神的传承。

(4) 守正出奇：第四主题，万年历之独具匠心。守正出奇，是一种立足实践的创新精神。守正就是脚踏实地的实践，出奇就是勇于拼搏的创新。习近平总书记在中国共产党第十九次全国代表大会上的报告中，24次提到实践，59次提到创新。只有立足实践的创新才是守正出奇，才是真正意义上的创新。本主题紧扣守正出奇，以《孙子兵法·兵势篇》开头，强调立足实践的创新，从年复一年、花开四季、中国历法，带领学生实践创新，领悟守正出奇的精髓。学生分组完成万年历项目的创意绘制，在答辩环节各领风骚。

"万年历"项目的四大主题，一步一个脚印，无不渗透着思政教育，而中国文化、中国历史、工匠精神、守正出奇，是整个教学项目思政教育的灵魂。

2）线上教学课程思政教学

算法一节讲到最早出现算法的书籍是中国古老天文学著作《周髀算经》，塑造"中国情怀"；循环一节以唯物辩证法事物永恒发展观解释"循环"中"螺旋、前进"的特点，铸造"哲学思维"；万年历项目以主导我国发展、科技进步的重要历史时间节点为测试用例，铭记"中国历史"；讲到杨辉三角、圆周率计算，介绍了杨辉、祖冲之等中国古代科学家为世界文明所做的贡献，熔铸"中国精神"；名人百科荟萃了为程序设计做出卓越贡献的中外科学家，程序设计、优化历经千锤百炼、精益求精，弘扬"工匠精神"。

3）线下教学项目"党史育人"案例

第一讲：五四运动的历史背景

学习并使用文件打开、关闭、从文件中读取一行数据的方法，解决从文件中读取、并打印1919年5月五四运动的历史信息。分组讲解1919年五四运动的历史背景和历史意义。教育学生历史是最好的教科书，从中国历史中获得精神追求、政治抱负、报国情怀。不忘历史才能开辟未来，善于继承才能善于创新，只有坚持从历史走向未来，从延续民族文化血脉中开拓前进，我们才能做好今天的事业。

第二讲：单条党史信息的存储

学会并使用结构体变量的定义方法，进行一条百年党史信息（1919年5月五四运动）的存储。培养学生将理论应用于实践，不断探索未知、最求真理，将成果应用到祖国的大地上，激励学生科技报国的家国情怀和使命担当。

第三讲：多条党史信息的存储

学会并使用定义全局结构体数组的方法，进行多条党史信息的存储（1919年5月五四运动、1921年7月中共一大召开、1927年8月八七会议、1934年—1936年长征）。重点回顾中共一大，通过思政问卷让学生回答：同一个起点是否有同一个重点的问题？感悟只有"不忘初心、牢记使命"，坚持理想信念不动摇，朝着正确的目标不懈奋斗，才能实现梦想。

第四讲：线性表末尾追加信息

学会向线性顺序表末尾添加一条党史信息的方法，实现新增一条党史信息（2017年10月党的十九大胜利召开）和用户信息的功能。党史诵读环节，通过随机抽选，由学生朗读《新时代中国共产党的历史使命》——选自习近平同志在中国共产党第十九次全国代表大会上的报告。思政问卷：作为新时代的中国大学生，你们的历史使命和责任担当是什么？你们的理想是什么？培养学生坚定不移地为实现中华民族伟大复兴的中国梦而努力奋斗。

（以上教学案例由江苏信息职业技术学院赵彦副教授撰写提供）

7.5　信息素养、思维能力培养教学案例 ——计算机信息技术基础课程

人工智能（AI）已悄然"入侵"人们的生活。人脸识别系统让我们进入校园无须再出示证件，"自动驾驶"汽车让路盲不再恐惧开车。AI技术正赋能万物，

生活场景将不断被改变，可以想象，未来的某一天，当你下班打开家门时，AI管家已经按你的想法准备好了丰富的晚餐……

AI技术发展的背后，是基于大数据的分析。大数据和AI技术的发展正在形成融合发展的态势。一方面，大数据为AI技术的发展提供"燃料"，数据驱动AI技术发展；另一方面，AI技术发展带来的算力提升，让人们能够以前所未有的速度和效率挖掘数据价值。可以说，大数据和AI技术的协同发展正在改变人们的生活。而生活场景的变化，必然导致职业岗位技能要求随之发生变化。熟练使用智能产品、具备计算思维、数据思维及智能思维能力，是未来作为一个社会人所必须具备的基本素质。将计算思维、数据思维以及智能思维能力培养与计算机基础课程进行构建与整合，是培育高职学生思维能力的一个重要途径。

1. 计算思维能力培养

计算机不仅为不同专业提供了解决专业问题的有效方法和手段，而且提供了一种独特的处理问题的思维方式——计算思维。针对目前高职计算机信息技术课程侧重常用办公软件操作技能的训练，忽视学生综合应用能力、计算思维有效解决问题能力培养等问题，可以通过"问题建模→问题分析→寻求方案→方案比较→方案实现"，将计算思维与实际问题相结合，讲授计算思维问题求解的思路。通过了解计算机问题求解的一般过程，采用基于流程图的算法原型设计工具，培养学生运用计算思维进行问题求解的能力。

2. 数据思维能力培养

数据思维能力是指利用数据的原理、方法和技术来解决现实场景问题的一种思维能力。例如，教室有点热，手动开启空调制冷模式属于从业务逻辑出发；如果根据天气温度、室内温度、室内空气质量、含氧量以及人员衣着等自动判断温度，并且根据设施当前状态动态调节空调，这样的方案就属于以数据为中心的 AI 技术了。人类已进入数字经济时代，数据已经成为人类认识和解读世界的通用语言。培养数据思维能力，要以数据为线索，从场景化的学习入手，重点培养拆解数据问题的洞察力、使用数据技能的执行力以及表达数据结论的沟通力。

3．智能思维能力培养

智能思维能力主要包括感知能力、记忆和思维能力、学习和自适应能力以及行为决策能力。感知能力是指具有能够感知外部世界、获取外部信息的能力；记忆和思维能力是指能够感知到外部信息及由思维产生的知识，同时能够利用已有的知识对信息进行分析、计算、判断、联想及决策；学习和自适应能力是指通过与环境的相互作用，不断学习积累知识，使自己能够适应环境变化；行为决策能力是指能对外界的变化做出反应，形成决策并传达相应的信息。人工智能给社会和生活带来根本性的变化，因此高职学生应具备人工智能视野下的智能思维能力，能够运用人工智能技术分析和解决专业问题的能力。可以通过问题驱动，重点学习如何有效地运用视觉、语言（语音）、大规模数据等 AI 技术，对专业任务进行辅助决策，广泛地思考和实践如何利用人工智能的手段解决专业行业的各种复杂任务。

（以上教学案例由深圳职业技术学院聂哲教授撰写提供）

第 8 章　项目课程要正本清源

能力导向、项目课程是职业教育适应工业 3.0 以来的重要改革举措，也是职业教育发展的国际共同经验。我国自 21 世纪初在高等职业教育中开始推动能力导向、项目课程的人才培养改革，项目课程是"以工作任务为中心选择、组织课程内容，并以完成工作任务为主要学习方式的课程模式"。但迄今存在的问题是：将以学习知识、技能为目标的"学习任务"误认为是"工作任务"，从而以此"学习任务"代替以工作环境和工作背景为基础旨在以胜任工作为目标的"工作任务"，所以对高等职业教育中的项目课程要正本清源，目的是使学生在工作中学会工作。

8.1　学习德国经验要避免形式化

项目课程的原型是借鉴德国基于工作过程课程模式的经验，在 2007 年高教社出版由基于工作过程课程模式提出者、德国不来梅大学劳耐尔教授领衔"欧盟项目关于课程开发的课程设计"课题组的中国伙伴共同编写的《学习领域课程开发手册 DCCD》中，对基于工作过程课程模式做过详细阐述。总地来说，基于工作过程课程模式是德国为适应工业 3.0 时代人才需求而提出的，是当时国际上推动职业教育改革取得的重要成果，实现人才培养从单纯技能培养向整体综合能力培养转化。工业化发达国家从 20 世纪 90 年代开始的职业教育改革主要目标就在于提升学生以解决工作中问题为主的综合能力培养，在这方面德国推出的"基于工作过程"人才培养模式是当时世界上最先进的职业教育模式，代表国际职业教育发展方向。我国于 2006 年开始借鉴德国职业教育经验，开展"基于工作过程"的高职教学改革，旨在适应我国的工业化进程对人才的需求。德国"基于工作过程"的人才培养模式本质上包含四方面的概念，其全面理解应为：设计导向的教育理念和指导思想；基于工作过程的人才培养模式和课程开发方法；学习领域的课程形式；行动导向的教学方法。迄今，我们在借鉴德国经验的理论和实践层面都存在一些问题，对基于工作过程的专业课程设计方法和学习领域课程与教学方法的掌握从整体效果看还不很理想，主要表现在以下方面：

1. 正确认识设计导向

设计导向理念来自设计空间理论，20 世纪 80 年代末随着德国工业向高端化发展及与信息技术结合，企业传统的单纯操作性、技能性工作任务，逐渐被灵活性、整体性和以解决问题为导向的设计性、综合性工作任务所取代，使人才的需求结构发生变化，对传统技能型人才的综合能力和创新精神提出了更高要求，这实际上是对教育，尤其是职业教育提出了更高要求。德国不来梅大学技术与教育研究所（ITB）组织的，来自欧洲各国的研究团队，对新工业化形势下人的作用和人与技术、知识的关系进行研究提出了新的以人为本的教育理念。其核心理论认为："在技术与社会需求间存在人的设计空间（其中"设计"为德文 Gestaltung，有设计、建构、创新之意，本文简称"设计"）。在此理论指导下，90 年代 ITB 提出了设计导向课程理念和目标，解决了设计导向的课程形式和课程开发方法问题，并应用于实践。本质上说,设计导向的职业教育理念和基于工作过程人才培养模式的起因是工业化的发展进程对职业人才的新需求，德国的科学家首先提出了旨在适应新需求的人才培养模式和专业课程设计方法，因此被认为是当时国际上最先进的职业教育理念和模式。设计导向的内涵可以概括为以下内容：

设计导向是指：伴随工业 3.0 引发的产业形态高移，要求职业教育不仅要注重技术和知识的掌握，具有"技术适应能力"，更重要的是要具备解决问题和参与设计工作任务的综合职业能力。所以，"设计导向"也可理解为"解决问题导向"，设计导向给出了解决问题的理论内涵、具体方法和实施途径。

设计空间的内涵是解决问题，因此设计导向的要素是思维与行动。思维的重点是设计问题，即确定解决问题的方案、计划等；行动过程是解决问题的过程，即对计划的具体实施和评价。在德国设计导向理论中，将解决问题的能力称为设计能力，具体包括以下三部分能力：

（1）专业能力：合理利用专业知识和技能，独立解决问题和评价结果的能力。

（2）方法能力：独立学习、思考、评价，寻找科学方法，制订行动计划，管控工作，将知识技能运用于新的实践的能力。

（3）社会能力：建构社会关系，团队合作，工作组织，应急应变，包容谅解，心理承受，责任意识，工匠精神。

我们在学习借鉴德国经验过程中，往往容易忽视基于工作过程人才培养模式中的设计导向理念和指导思想，而是直接切入基于工作过程的课程开发，导致对基于工作过程的课程本质的理解和认识不足。

2. 正确认识典型工作任务

基于工作过程人才培养模式和课程开发方法首先要进行职业分析。职业分析的要点是从技术技能职业岗位中提取典型工作任务，这就清楚地说明典型工作任务是职业工作中的任务，但实际上对典型工作任务的理解往往存在偏差，从而可能会严重误导学习者。主要表现在以下方面：

(1) 现在很多教材，甚至专业课程标准中，经常出现"掌握××概念""学会××知识"等文字表述，并将其当作典型工作任务，甚至将原学科性教材的章节直接改成典型工作任务，如将"第一章"直接改成"任务一"或"项目一"，认为这种完全形式化的简单文字修改就是对基于工作过程人才培养的改革。

(2) 不少典型工作任务以名词形式出现，如"××技术基础""××工程"等，这种莫名其妙的"典型工作任务"，往往会使接受任务者不知从何下手。

(3) 将典型工作任务案例理解为典型工作任务，尤其是在教材中经常列举出一些典型工作任务案例，以期引导学生学习，但又经常止步于此，没有进一步给出供学生训练用的具体工作任务，使学生只能了解什么是工作任务，而不能通过训练实践达到提高解决工作问题综合能力的目的。

3．正确认识工作过程和工作流程的关系

在基于工作过程的课程开发中，常常会将工作过程误认为是完成工作任务的操作流程或操作规程，从而认为不同领域的工作过程是随着工作岗位的不同而变化的。实际上，基于工作过程课程模式中的工作过程是指解决问题的过程。基于工作过程课程是按解决问题的逻辑过程构建课程体系和课程结构，基于工作过程的课程模式实质是落实设计导向的理念，设计导向和基于工作过程课程的目的是培养学生的设计能力，即解决问题的能力，因此前一阶段能力本位、技能导向的教学改革是设计能力培养的基础而不是目的。

4．正确认识学习领域课程

学习领域课程是基于工作过程课程的具体课程形式，是理论—实践一体化课程，是以解决工作中的具体问题为目标的。学习领域课程既不属于以掌握专业知识为目标的理论课程，也不是培养专门技能为目标的实训课程，其一般表现形式

多为项目课程形式,所以一般认为学习领域课程是一类新的课程类型。在基于工作过程课程中,学习领域课程内涵有两种具体表现。其一为学习领域课程体系,这是对专业而言。在专业课程开发中不能认为基于工作过程的学习领域课程是相互独立的几门课程,而忽视在专业课程中学习领域课程之间的关系。其二为学习领域课程,这是对具体一门课而言。在我国高等职业教育实践中,一般将学习领域课程理解为实践课程,又将这类实践课程进一步理解为实训课程,一般安排在实训基地进行,使学校教学仍然主要表现为讲课和技能训练,忽视了学习领域课程是培养学生解决工作中问题的根本性课程目的和性质,需要新的课程形式来完成的本质特征。

5. 正确认识行动导向教学法

基于工作过程课程在实施层面要采用行动导向的教学法。行动导向的教学法本质上是以学生为中心的,所以以学生为中心的教学是学习领域课程在教学中实施的必要条件,包括教学方法、学习方式、实践环境、评价形式、教学管理制度等各方面,必须进行配套改革才能真正落实。我国高等教育长期采用的是以教师为中心的教学法,课堂教学存在教师中心取向,以教师讲授为主,课堂提问封闭性问题偏多,小组合作学习不落实或质量较低,学生自主学习水平较低,因此常常将学习领域课程当成实训课程,安排在实训基地进行,而缺少项目课程资源和训练环境。

8.2 项目课程要创新发展

1. 综合能力内涵的新界定

进入 21 世纪以来,随着我国工业化逐渐进入产业转型和高端化发展,企业用人对职业胜任能力的需求逐渐明朗，职业胜任能力导向成为高等职业教育教学改革的新方向。为此教育部提出了"1+X"等级证书制度、专业群建设、虚拟仿真实训基地、产业学院等多项教学改革举措，启动新一轮高职教学改革。

新的综合能力要集中体现于职业胜任能力，因此综合能力导向更多体现于职业胜任能力培养。职业胜任能力是高等职业教育教学改革的跨阶段发展，也是新一轮高职教学改革的核心任务。因此，明确职业胜任能力概念的内涵将是改革落地的前提。现代产业的技术技能领域具有智能化、创新型等特点。例如，很多高职学生主要从事智能化系统或产品的安装、调试、制造、检测、运行、维护等工作，胜任这些岗位工作除要熟练掌握技术技能外，还要具有运用技术技能判断故障、应急处突，解决问题的能力；具有根据实际情况，收集、分析、处理和维护数据的能力；具有计划工作流程、管理和监控工作过程的能力；具有把握创业机会，实现从谋业到创业的能力。因此，专业技术技能不再是高等职业教育的终极目标，而是支持职业胜任能力的基础。职业胜任能力概括起来可包括如下内容：

（1）完成常态岗位工作能力：即完成正常状态下岗位工作的能力，如包括认真负责执行工作制度，发扬精益求精的工匠精神和团队配合，从而能出色完成工作任务等方面。

（2）应急处突能力：应急处突可属于特殊情况下的典型工作任务，主要指常态工作状态下的突发故障或事件，要求迅速判断问题、设计解决方案、解决问题，恢复正常工作状态,问题处理的时效性常常成为检验应急处突能力的重要指标。职场工作能力往往更多表现于处理突发状况，工作任务应更重视异常工作状态的任务。

（3）技术技能创新能力：高端产业不仅包括科技创新、设计创新，而且包括技术创新、工艺创新、检测创新等技术技能创新，使创新能力成为职业胜任能力重要组成部分。

（4）人机协同工作能力：智能时代人机协同工作成为常态，技术技能人才必须学会和善于与智能机器协同工作，共同完成各项任务。

总之落实职业胜任能力导向的高等职业教育是实现职业教育现代化和与工作无缝衔接目标的核心任务之一，但任务艰巨，需为之付出更多努力。

2. 应急处突能力培养应成为项目课程的重点

高职专业人才培养目标经常出现"系统运维能力"的目标要求。其中运（行）常指正常工作状态，一般有规则可循，可通过顶岗实习培养。但系统的维（护）常常会是突发状况，考验员工的应急处突能力，培养应急处突能力要靠训练，而且训练时间和强度都要多于或大于顶岗实习，只有进行足够的有效训练，才能保证临阵不乱，因此对应急处突能力的训练将成为项目课程的重点，典型工作任务也应更重视异常工作状态。

3. 典型工作任务的教学设计

完成典型工作任务是基于工作过程人才培养模式的核心内容，主要指向遵循规范的工作过程解决问题,完成工作任务能力的培养，解决问题是完成工作任务的核心内容，也是项目课程的目标指向。因此要求典型工作任务必须包含"典型工作问题"，这就要求对典型工作任务进行教学设计，将要解决的"典型工作问题"融入典型工作任务。"典型工作问题"的难度决定了典型工作任务的难度，形成不同难度的项目课程。

技术技能人才的职业胜任能力还包括创新能力和人机协同能力，因此在对典型工作任务进行教学设计时，还要考虑设计具有创新点和人机协同工作的任务，这也构成项目课程难度的另一个维度。

4. 建设项目教学资源

项目教学资源设计是项目课程实施的关键之一，开发各类基于项目课程的数字教学资源库，如典型工作任务项目资源、应急处突教学资源、技术技能创新教学资源、人机协同工作教学资源等，这些数字化教学资源构建成项目教学资源库，因此项目教学资源库应成为高职专业教学资源库的重要组成部分。同时，涵盖项目教学资源的新型教材开发也将成为项目教学资源开发的重要内容。

5. 建设基于工作场景的技术平台和训练基地

综合能力要集中体现于职业胜任能力，职业胜任能力的核心是学会工作，工作能力必须在工作中培养。当前高等职业教育中职业胜任能力培养的主要环节是顶岗实习，但实践证明现实教学中的顶岗实习无法全面完成培养职业胜任能力的任务，究其原因主要在于在企业进行的顶岗实习要遵循企业生产制度，而无法进行教学设计，故此顶岗实习对职业胜任能力中的常态岗位工作能力培养会有一定作用，而其他能力培养则很难顾及。因此职业胜任能力培养的关键是在教学中模拟和创设实际工作场景，典型工作任务就是对实际工作场景的模拟。但过去在实施项目课程时，经常将教学环境理解为实训基地，这是因为我们经常会将完整的工作任务（项目）分解出其中的技术技能部分，然后依靠已有的实训基地进行技术技能训练，培养技术技能，而非职业胜任能力。伴随信息技术的发展，采用虚拟仿真技术为还原工作场景提供了又一种可行方法，作为顶岗实习任务的补充和替代，建构面向真实工作场景的模拟或虚拟仿真的技术平台和训练基地，将成为新的职业胜任能力教学实践环境。

8.3 项目教学案例 —— 房价预测

8.3.1 项目描述

1. 项目概述

房价是人们普遍讨论的话题之一，而房产中介机构或房产信息平台积累了大量关于新房、二手房的数据，这些数据具有对于房价走向和变化具有很大的实用价值。现有 P 信息科技公司是一家从事 AI 算法和数据分析的科技公司，该公司开发部门收到 A 地产公司客户的需求，要对杭州滨江区 S 小区二手房价做出预测。客户可提供杭州市滨江区 S 小区近一年的二手房价格数据，P 公司数据部门已经对数据进行了处理，整理成了可使用的数据集文件。

2. 项目目标

使用数据部门整理的杭州市滨江区 S 小区数据集，基于派 Lab 平台的开发环境，编写机器学习程序完成对该小区二手房价进行预测。

3. 项目要求

（1）该项目为学生个人独立完成，不需要分组；

（2）分析项目，利用所学机器学习相关知识，选型合适的算法和调用工具包；

（3）基于派 Lab 平台开发环境，使用提供的数据集文件（houseprice.txt）完成预测；

（4）使用者输入要预测的房屋面积，程序可以显示预测房价结果。

8.3.2 项目说明

1. 项目工作背景

P 信息科技公司是一家从事 AI 算法和数据分析的科技公司,现在该公司开发部门收到 A 地产公司客户的需求,要对杭州滨江区 S 小区二手房价做出预测,客户可提供杭州市滨江区近一年的二手房价格数据。

2. 项目性质

房价预测是"机器学习"项目课程中的第一个项目,使用线性回归算法,在机器学习中属于入门级算法。

3. 项目特色

人工智能产业中真实且熟悉的项目原型,如房价预测、牛肉价格预测等,便于学生的理解,容易引发学生兴趣;工作任务顺序设计随知识点的延伸逐步展开,便于学生对工作任务中典型技术的掌握和熟练。

4. 项目涉及对学生已经学习内容要求

1) 知识要求

熟悉样本、特征、观测值、预测值、损失等概念;理解线性回归原理;了解对指定数据集构建线性回归模型的一般处理流程。

2) 技能要求

有 Python 编程基础,能编写、会调试;熟练 Numpy 的相关使用方法。

3) 综合能力

有一定的逻辑思维能力;能运用机器学习,熟悉特征工程一般流程;具有运用各种矩阵运算、模型训练过程的能力。

5. 项目工具库

scikit-learn 库：一个基于 Python 的非常强力的机器学习库，它包含了从数据预处理到训练模型的各个方法，用在项目实施中可使代码精练易读。

6. 代码库

(1) 线性回归知识准备.ipynb；

(2) 动手实现线性回归.ipynb；

(3) 线性回归预测房价.ipynb；

(4) 线性回归预测收益.ipynb；

(5) 线性回归预测乐高价格.ipynb；

(6) 一般线性回归和加权线性回归.ipynb；

(7) 线性回归预测牛肉.ipynb。

7. 数据集资源

(1) 杭州房价数据集；

(2) 乐高价格数据集；

(3) 加权线性回归数据集；

(4) 牛肉价格数据集。

8.3.3 项目工作场景

项目工作场景设计与产业真实项目接近，基于客户的项目需求，通过自建数据或者客户提供的数据，使用 Python 语言，在 Jupyter Notebook 环境下进行开发程序，并完成客户的项目需求。

项目依托技术平台为派 Lab（www.314ai.com），学生可登录该平台进行开发和完成项目任务，项目资源已经按照项目课程的任务设计组织，并管理进度，学生可以随时开启和继续项目的工作任务。

（以上教学案例由随机数（浙江）智能科技有限公司总经理葛鹏等撰写提供）

第 9 章 专业群、专业、"1+X"的一体化设计

专业群、专业、"1+X"都是创新中国特色、高水平高等职业教育的重要举措,其中每一项都有深刻的内涵意义,都要进行理论解读和实践探索,研究解决落地和推广的方案方法。同时更重要的是在实际教学中必须实施同一套教学方案,这就必须将专业群设计、专业标准、"X"证书基本要求统一起来,实施一体化设计,本章将对这些问题进行讨论。

9.1 高职专业群建设的基本特点与关系

2006 年教育部出台《关于全面提高高等职业教育教学质量的若干意见》,提出建立以"重点建设专业为龙头、相关专业为支撑的专业群",这是首次在国家文件中出现专业群的概念。2015 年,教育部发布《关于深化职业教育教学改革全面提高人才培养质量的若干意见》,指出"围绕各类经济带、产业带和产业集群,建设适应需求、特色鲜明、效益显著的专业群"。这一时期的专业群建设,突出了"服务需求"的明确导向,强调基于外部需求建设特色优势专业群,引导学校科学定位。2019 年,教育部 财政部《关于实施中国特色高水平高职学校和专业建设计划的意见》(教职成〔2019〕5 号)指出,"面向区域或行业重点产业,依托优势特色专业,健全对接产业、动态调整、自我完善的专业群建设发展机制,

促进专业资源整合和结构优化,发挥专业群的集聚效应和服务功能,实现人才培养供给侧和产业需求侧结构要素全方位融合"。由此可见,国家宏观政策引导有力推动了高职专业群的建设与发展。高职专业群建设的基本特征有如下几点:

1. 适应人才需求新变化

产业发展要求技术技能人才具有较宽的职业岗位适应性,这包括职业岗位工作的复合性和工作变化的适应性需求,单个专业培养无法满足培养要求,这是专业群产生的根本原因。此外,随着传统产业转型和新兴产业快速发展,新兴职业岗位需求大量产生,信息化社会也对众多职业提出更高要求,促使高职专业群必须随之不断调整和创新,提升服务产业能力,提高人才培养质量。

2. 外部需求和内部环境的和谐统一

地方经济产业发展需求和学校内部专业建设实际情况都是专业群建设要重点考虑的因素,要努力达成两方面的和谐统一。

3. 专业群与专业的关系

高职专业群将不同专业按照职业联系组合在一起,群内专业之间是协同关系,不是从属关系,各专业具有相对独立性。专业群不是取代了专业,而是提供了新的专业建设路径,让原本离散的单体专业发挥协同育人作用,因此考虑专业群设计也要考虑专业设计。

4. 专业群与"1+X"的关系

2019年1月国务院印发了《国家职业教育改革实施方案》。把学历证书与职业技能等级证书结合起来,探索实施"1+X"证书制度。"1+X"证书制度是提高技术技能人才培养质量的重要举措,使学生在增加职业岗位适应性的同时,更要打实技术技能基础，培养学生精益求精的工匠精神。

5. 实现资源共享

资源利用的专业分割，限制了专业的服务能力，相比单个专业，专业群体量增大，适应市场更为灵活，充分发挥跨专业的优势，有利于实现学校实训中心的资源共享；同时，有利于行业企业深度参与专业群建设，构建基于工作场景的项目课程训练基地，培养职业胜任能力。

9.2 专业群建设

专业群建设是高等职业教育人才培养模式的一次改革，是我国高等职业教育内涵式发展的重要战略举措与核心内容，也是专业发展方式的变革、专业治理的新模式。在"双高"建设的背景下，国家级重点建设专业群、省市级重点建设专业群的确立带动了整个高职院校专业群建设，一年多来的探索与实践，实施专业群建设在高职院校逐渐形成共识，但真正启动专业群建设时却面临诸多困惑，暴露出一些共性的问题。分析实践中遇到的这些问题，解除困惑，厘清思路，有助于促进高水平专业群建设与职教类型特色的形成。

1. 组群逻辑

组群逻辑是专业群建设首先遇到的问题，也是专业群建设的关键问题之一，处理不好将使专业群建设内涵价值丧失。

从目前来看，专家学者提出组群逻辑的观点不少，大体可列出如下一些：依据产业链、知识关联、技术技能相关职业岗位群、职业分类、专业目录中同类专业、相关教学资源等进行组群。在实践中，由于专业群建设是新发展形势下高职教学改革的新要求，众多高职院校由于对专业群内涵与本质要义的认知还不够深入，面对众多组群逻辑的理论不知如何取舍。而有些院校只是为了或急于能够进入"双高计划"或重点专业群建设项目，没有进行充分论证，更没有对专业群所对应区域内产业进行深入调研，仅仅依托已有的优势专业或重点专业，再增添几个有显示度的专业，把原有的材料重新调整组合，在申报材料撰写上做文章，导致专业群与所在区域产业之间的关联度低，专业群结构设计不尽合理，建设起来遇到许多困难。

在这里我们转引王亚南等2021年4月发表在《高等教育研究》上的文章《高职教育专业组群的逻辑依归、形态表征与实践方略——基于253个高水平专业群申报资料的质性分析》中的一些数据（见图9-1和图9-2）和信息，可以了解国家级专业群的组群情况。在已入选国家"双高建设"的253个高水平专业群建设项目中，组群的专业在同一大类专业中跨3个以下专业类的专业群占比78.7%，跨4-5个专业类的占比21.3%；组群专业跨2个以下专业大类的专业群占80.6%，跨3-5个专业大类的专业群占19.4%。这是依据教育部《普通高等学校高职高专（专科）专业目录（2015年）》的分类进行统计的数据，高职专业目录的制定主要参照"《国民经济行业分类》门类、大类划分，同时兼顾学科门类和专业类划分，原则上专业大类对应产业、专业类对应行业、专业对应职业岗位群（技术领域）"。因此，可以看出专业群组建已不仅局限于某一专业大类或专业类，产业之间、行业之间的交叉融合已很明显，但相对集中占有大多数。

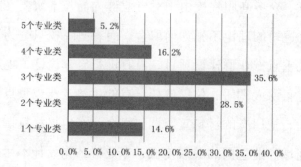

图 9-1 253个高水平专业群跨专业类情况

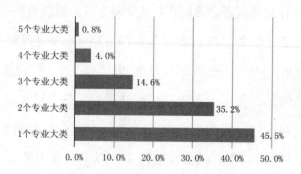

图 9-2 253个高水平专业群跨专业大类情况

再从一些专业群的具体组群逻辑来看，有基于产业链逻辑组群的，如珠宝首饰技术与管理专业群紧密对接珠宝首饰产业链建构专业群，首饰设计与工艺、珠宝首饰技术与管理、珠宝玉石鉴定与加工等群内各专业具有共同的产业背景，但分别服务于珠宝首饰产业链的上游、中游和下游。首饰设计与工艺专业对接上游的首饰创意与设计，珠宝首饰技术与管理专业对接产业中游的首饰制造与首饰企业管理，珠宝玉石鉴定与加工专业对接产业下游的珠宝玉石鉴定与评估和珠宝首饰营销。该专业群内三个专业的知识跨度较大，分属三个不同的专业大类。还有基于技术领域相关岗位群的，如铁道机车专业群对接重载机车、高速动车、城际动车、城轨地铁等智能化现代轨道交通载运装备的驾驶操纵与维护检修岗位群，

第9章 专业群、专业、"1+X"的一体化设计

以铁道机车专业为核心,以动车组检修技术专业、铁道车辆专业、城市轨道交通车辆技术专业为支撑,形成了轨道交通载运装备运用领域全覆盖的人才供给侧专业群架构。该专业群所有专业同属一个专业大类,服务于特定产业链条的一个环节,群内各专业具有共通的学科技术基础。

从对高职院校部分人员调查的结果数据看,可以反映对组群逻辑的一些认识。笔者对高职电子信息类专业的部分人员做过一个样本不算大的调研,被调查对象中来自国家"双高建设"学校的占比51.2%,来自省市"双高建设"学校的占比24.24%;专任教师、专业负责人、系主任、二级学院领导与校领导共占91%,其中二级学院领导占了39.39%。在对"实际可行的专业群组群逻辑[多选题]"的问题调研中,结果如图9-3所示,反映了他们对专业组群逻辑的一定认识,依据"产业链"和"技术技能相关职业岗位群"成为选择最多的选项。

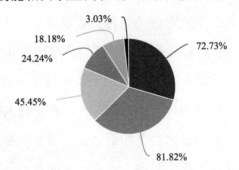

■ A产业链　■ B技术技能相关职业岗位群　■ C企业中相关技术技能
■ D各专业具备相关教学资源　■ E专业目录中同类专业　■ F其他

图9-3 "实际可行的专业群组群逻辑"调研结果

专业群建设如何科学组群,必要、合理、可行是关键。2019年,教育部、财政部出台《关于实施中国特色高水平高职学校和专业建设计划的意见》,提出要集中力量建设50所左右高水平高职学校和150个左右高水平专业群,打造技术技能人才培养高地和技术技能创新服务平台,支撑国家重点产业、区域支柱产业

发展，引领新时代职业教育实现高质量发展。同时指出，"面向区域或行业重点产业，依托优势特色专业，健全对接产业、动态调整、自我完善的专业群建设发展机制，促进专业资源整合和结构优化，发挥专业群的集聚效应和服务功能，实现人才培养供给侧和产业需求侧结构要素全方位融合"，这实际已为专业群建设的组群逻辑指明了方向。因此，进行专业群建设，首先要面向国家重点产业、面向区域支柱产业或行业重点产业的发展，这是国家经济社会发展和"四新"背景下产业转型升级中动力转化的现实需要。在充分分析区域产业发展的基础上分析相关职业岗位群的需求，这是专业群建设的逻辑起点，也是职业教育类型特性使然。

在面向产业组建专业群时，是否就是要依据产业链组群呢？这是困惑许多院校专业群建设的一大问题。"产业链是一种顺序性的纵向链条，是以某种产品为核心的从该产品的研发设计到生产制造，再到实现商业价值所包含的各个环节的整个纵向链条"。作为一个具有某种内在联系的企业群结构，它具有的结构属性和价值属性，使产业链中大量存在着上下游关系和相互价值的交换。从依据产业链逻辑组群的专业群看，由于群内专业对接服务于产业链的上中下游，职业岗位跨度大，能力需求不一，基本技术技能相距较远，专业的整合与共享性、专业群的集聚效应均较弱，专业群的组织管理上也有一定的难度，因此实践中可行性较差。除了产业链以外还有一个概念，即产业集群。产业集群是指在特定区域中具有竞争与合作关系，且在地理位置上集中的企业群体，这一概念是美国的迈克·波特在 1990 年提出的。组群逻辑首先要面向地方经济产业发展，具有地理位置上的集中属性。显然产业集群具有这一属性，而产业链一般不具有这一属性。其次，组群逻辑要面向产业行业中相关的技术技能人才岗位需求，具有技术技能岗位相关属性组建专业群。因此，必须面向产业，而首先要面向的是地方经济产业发展的产业集群。所以,专业群的组群逻辑应是基于地方(区域)产业经济发展的产业集群,且基本技术技能相近或相关的职业岗位需求,以此为原则,再综合考虑其他因素。

2. 核心专业

专业群建设的内容与单体专业有很大不同,重点在于整合、协同、共享、提升,让原本离散的单体专业发挥协同育人作用,产生整体溢出效应。专业群内的专业在基础、条件、规模、质量方面可能存在差异,优势专业对其他专业有辐射带动作用,但各专业具有相对独立性,群内专业之间是协同关系,是一个专业性的共同体。从组织管理层面考虑专业群建设,这个共同体需要有龙头或者核心专业来带领专业群的建设和发展,目前从高职院校在建的专业群了解到,基本上专业群中的龙头或者核心专业都是学校原有的优势专业或者重点专业,但从专业群服务于区域重点产业和支柱行业的职业岗位群的宗旨和首要出发点考虑,专业群中的龙头或者核心专业应该是区域中重点产业和支柱行业人才需求的专业。这一点从对高职电子信息类专业部分人员的调研情况看,也有一定共识。对"如何确定专业群中的龙头(核心)专业"的多选题调研结果中,有87.88%的人选择了"以产业人才重点需求专业为专业群龙头(核心)专业",有51.52%的人选择了"以学校重点建设专业为专业群龙头(核心)专业",有39.39%的人选择了"专业群可以设双龙头(核心)专业",如图9-4所示。

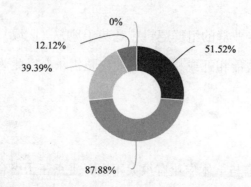

- A 以学校重点建设专业为专业群龙头（核心）专业
- B 以产业人才重点需求专业为专业群龙头（核心）专业　C 专业群可以设双龙头（核心）专业
- D 专业群可以无龙头（核心）专业　E 其他

图 9-4 "如何确定专业群中的龙头（核心）专业"调研结果

因此，应该明确地方（区域）产业经济发展重点需求人才专业为确定专业群核心专业第一要素，而学校优势专业或重点建设专业与地方（区域）产业经济发展重点需求人才专业相同即可确定专业群唯一核心专业；如不同可设为双核心专业。既要发挥优势重点专业的辐射带动作用，又要保证专业群紧紧围绕为地方（区域）产业经济发展提供所需人才培养的核心任务。

3. 专业群开发方法

专业群建设是高等职业教育教学改革的重大举措，是产业发展带来复合型技能人才需求，单个专业培养无法满足培养要求，因此，将专业群建设作为服务、支撑、推动国家重点产业和区域支柱产业发展的助推器，作为高职内涵发展的突破口。由此，专业群人才培养的设计开发，绝不是原有群中专业人才培养方案的简单叠加、调整、组合，而是要从面向区域产业与支柱行业的职业岗位群能力需求出发，对学生进行从群到专业的多元递进成长路径设计，要发挥专业群对人才培养的提升效益。然而，在当前高职院校专业群建设中，专业群的设计开发基本以现有群中专业人才培养方案的课程体系拆解与合并，现有资源环境共享使用，这在某种程度上有助于教学效率提高,但并未真正推动人才培养模式的改革。

从对高职电子信息类专业部分人员调研情况看,在对"专业群设计与专业设计的关系如何处理"的调研结果中,有一半以上(69.70%)的人员认为应该"先进行专业群设计,再进行专业设计",有 15.15%的人员认为"先进行专业设计,再进行专业群设计",有 15.15%人员认为可以"用专业群设计取代专业设计",如图 9-5 所示。由此可见这些被调查对象对专业群设计开发的一种认知现况。

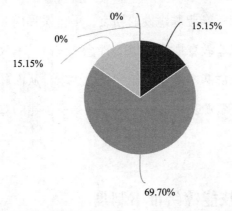

■ A先进行专业设计,再进行专业群设计　　■ B先进行专业群设计,再进行专业设计
■ C用专业群设计取代专业设计　　■ D专业群只进行群公共课程设计　　■ E其他

图 9-5 "专业群设计与专业设计的关系如何处理"调研结果

从调研结果看,从专业群到专业设计可能有不同路径,但无论选择何种路径,其逻辑起点都是职业分析,这与单一专业设计相同,只不过分析对象是专业群。因此,从专业群发展的动因及职业教育本质特性出发,专业群设计开发仍然须遵从职业教育规律,面向地方(区域)产业发展,以职业分析作为专业群设计的逻辑起点和依据。专业群设计与专业设计并存,相互协调统一。科学的系统化的设计方法是关键,而其缺乏成为当前高职院校专业群设计开发的难点。

4. 专业群平台课程

专业群平台课程是指专业群内所有专业学生都要学习的共同课程、都要掌握的基本技术技能与知识的课程，是进一步学习各专业课程的基础，是专业群形成的纽带，也是专业群集聚效应的反映。平台课程的设计开发是专业群设计开发中非常重要的一部分。目前在高职院校中对于平台课程设计的最大问题是依据专业群中各专业相同的学科知识，由此组成平台课程，供各专业学习。这就违背了职业教育基本规律，也有悖于专业群建设的初衷。平台课程内容的来源与依据必须是职业分析，依然遵从职业教育规律、OBE 理念；同时，不仅是职业能力需要的支撑知识，还要涵盖专业群基本技术技能和能力要求，从而彰显和拓宽学生技术技能工作的适应性。应是资源集中共享、效率提升所创建的单个专业无法达到的专业群应用平台。

9.3 "1+X" 职业技能等级证书制度

2019 年 1 月国务院印发《国家职业教育改革实施方案》。把学历证书与职业技能等级证书结合起来，探索实施"1+X"证书制度。2019 年《政府工作报告》进一步指出，"要加快学历证书与职业技能等级证书的互通衔接"。职业教育要将技能作为经济社会发展的核心概念、竞争力的核心要素，深化以"1+X"证书制度为核心的培养培训改革创新，破解职业教育在技能形成中出现的与社会需求脱节的问题，打破学校教育与工作场所训练割裂的状态，对职业技能等级证书体现的学习成果赋予相应学分，探索建立职业教育"学分银行"制度，对学历证书和职业技能等级证书所体现的学习成果进行登记和存储，计入个人学习账号，尝试学习成果的认定、积累与转换，促进学历证书与职业技能等级证书互通，研究探索构建符合国情的国家资历框架，形成与经济社会发展需要相适配的技能形成平台和相应的机制。

"1+X"证书制度就是把职业技能等级证书中的相关内容融入学历教育实践，植入专业学习过程，通过统筹安排教学内容、实践场所、组织形式、教学时间、师资队伍，确保职业技能等级证书培训与专业教学过程的一体化。从可持续发展的角度，确保学生基础知识与基本技能课程设置的稳定性，同时针对企业与产品生命周期所带来的变化，及时更新、提升职业技能等级证书质量标准与教学内容。要实施好"1+X"证书制度，需要对学历教育内容进行重构，一方面，需要对课程设置进行系统梳理，减少重复教学的内容，并把实践教学中单项和专项技能的训练内容与"X"内容进行整合，以提升课程设置的效益；另一方面，需要完善学历教育的培养目标和毕业要求，依据行业核心素养和"X"证书要求对课程进行系统性重构，在保证课程内容职业属性的同时，优先选择在行业中具有普遍意义、对学生具有长远生涯发展意义的内容。

"1+X"证书制度为学生提供多维度的能力凭证，"1"与"X"之间是和谐、生态的关系，而不是数量上的越多越好。"1"的基础知识与基础能力学习，将影响、反哺"X"的内涵，促进、提升"X"的含金量；"X"中的技术技能培训会促进专业知识内化，使知行合一、育训结合的人才培养要求得以有效落实。

需要认识到的是，以人工智能为代表的新一代信息技术革命迅猛发展，一大批新技术、新业态、新职业、新岗位、新工种不断问世，技术技能新标准、职业岗位新要求也随之颁布，传统的"一技之长"人才培养要求已经不再符合"一人多岗、一岗多能"的现实需要，"1+X"证书制度是复合型技术技能人才培养的重要体现。

9.4 专业群、专业、"1+X"一体化设计总体思路

由于科技的发展,产业形态及其应用技术变迁快速,技术技能人才转换工作岗位,甚至转换职业的次数日渐增加。因此,技术技能人才需要更宽广的职业知识与技能,才能适应职业市场的快速变化。顺应这种趋势,职业教育领域逐渐酝酿产生专业群教育理念,即职业院校不宜只培养学生单一专业的职业知识与技能,而应该培养一群专业共同需要的某些基础性职业知识与技能。实现专业群教育理念,需要构建专业群课程体系,而构建专业群课程体系,必须先组建专业群。

组建专业群的目的通常有三:其一是规划先宽后专的课程体系,延后学生的专业分化,促进学生适应性学习,激发其生涯发展潜能;其二是充实宽广的职业基础能力,扩大学生选择空间,强化学生适应职业市场变化的能力;其三是统筹办学资源的管理与应用,减少资源浪费,提高资源的使用效率。

专业群、专业、"1+X"对教学来说是一个整体,必须实施一体化设计,而当前专家学者提出或高职院校实施的专业群组建思路,各有优点但又莫衷一是。本书概括专业群、专业、"1+X"设计中的共同点,形成专业群、专业、"1+X"一体化设计的总体思路。

1. 组群逻辑

专业群的组群逻辑应是基于地方(区域)产业经济发展的产业集群,且满足基本技术技能相近或相关的职业岗位需求。如地方(区域)产业经济发展尚未形成产业集群,则可依据地方(区域)产业经济发展状态,以其基本技术技能相近或相关的职业岗位需求为原则组群,以此为组群的基本逻辑,再综合考虑其他因素组建专业群。

2. 核心专业的确立

地方（区域）产业经济发展重点人才需求的专业可确定为专业群的核心专业，如学校优势专业或重点建设专业与地方（区域）产业经济发展重点人才需求专业相同，即可确定专业群唯一核心专业；如不同可设为双核心专业。这样既可发挥优势重点专业的辐射带动作用，又可保证专业群紧紧围绕为地方（区域）产业经济发展提供所需人才的核心任务。

3. 专业群与专业的一体化设计

从专业群设计到专业设计可能有不同路径，但无论选择何种路径，其逻辑起点都是职业分析，这与单一专业设计相同，只不过分析对象是专业群，专业群设计仍然遵从职业教育规律，面向地方（区域）产业发展，以职业分析作为专业群设计的逻辑起点和依据，所以研究专业群职业分析方法是当前高职院校专业群设计需重点解决的问题。

4. 专业群平台课程

专业群平台课程的来源与依据必须是专业群职业分析，且专业群平台课程依然遵从职业教育规律、OBE理念；同时专业群平台课程不仅是职业能力需要的支撑知识，还要涵盖专业群基本技术技能和能力要求，从而彰显和拓宽学生技术技能工作的适应性。

5. "X"证书设计

"X"证书设计一方面需要对课程设置进行系统梳理，减少重复教学的内容，并把实践教学中单项和专项技能的训练内容与"X"内容进行整合，以提升课程设置的效益；另一方面需要完善学历教育的培养目标和毕业要求，依据行业核心素养和"X"证书要求对课程进行系统性重构,在保证课程内容职业属性的同时,优先选择在行业中具有普遍意义、对学生具有长远生涯发展意义的内容。为保证支撑"X"证书职业技术技能的基本知识、基本技能要求和专业的基本知识、基本技能要求协调统一,"X"证书选择也应在专业群职业分析时一并考虑。

9.5 专业群职业分析案例 —— 高职建筑专业群

1. 确定组群专业

经行业产业调研确定,由建筑工程技术专业、工程造价专业、工程测量技术专业三个专业组建建筑专业群。

2. 专业群技术技能体系分析

通过分析各个专业应培养学生的技术技能等职业能力着手,了解各个专业应该培养学生的职业能力,提取共同的职业基础能力,形成专业群技术技能体系。首先通过访谈、调查对各个专业职业能力进行分析,进而确认其间共同职业能力。具体而言,就是分析各个专业目标岗位所需的职业知识与技能。对照、比较各个专业需要培养学生的职业能力,可以发现相互之间的共同职业能力,见表9-1。

表 9-1 建筑专业群各专业需要培养学生的职业能力比较

职业能力(含知识与技能)	建筑工程技术专业		工程造价专业		工程测量技术专业	
	重要程度	使用频率	重要程度	使用频率	重要程度	使用频率
施工图识读	4.7	4.6	4.7	4.6	3.9	3.8
Office 软件操作	4.3	4.5	3.9	3.6	4.5	4.5
施工测量基本知识及测量仪器操作	4.1	4.0	3.6	3.4	4.4	4.5
工程建设相关法律法规	4.1	3.7	3.8	3.7	3.3	3.3

续表

职业能力(含知识与技能)	建筑工程技术专业		工程造价专业		工程测量技术专业	
	重要程度	使用频率	重要程度	使用频率	重要程度	使用频率
BIM软件操作	3.6	3.2	4.1	4.0	3.3	3.0
建筑相关规范标准及其应用	4.5	4.4	3.8	3.5		
工程施工工艺及方法	4.5	4.4	4.0	3.7		
重大危险源及其控制	4.4	4.4	4.1	4.1		
建筑构造基本知识	4.4	4.4	4.0	3.8		
建筑材料基本知识及检验仪器操作	4.3	4.4	4.0	3.9		
CAD软件操作	4.3	4.3	4.1	4.0		
建筑相关设计图集识读	4.3	4.2	3.8	3.6		
班组沟通协调	4.2	4.1	4.0	3.7		
施工顺序及进度计划编排	4.2	4.0	3.7	3.6		
岗位相关标准及管理规定	4.1	4.0	3.9	3.8		
施工技术交底文件编写	4.1	4.0	3.8	3.5		
人、材、机使用及资源配置计划编制	4.0	3.9	4.3	4.1		
工程预算及成本管理基本知识	4.1	3.9	4.7	4.7		
手工、软件算量(土建)	3.9	3.7	4.5	4.4		
安全生产及管理实务	4.5	4.3				
建筑施工质量缺陷及其原因分析	4.4	4.3				
建筑平、立、剖表示方法	4.3	4.3				
建筑施工质量检验及其仪器操作	4.2	4.1				
职业安全、卫生相关知识	4.2	4.2				
施工日记编写	4.1	4.0				
消防相关知识及设施应用	4.1	4.0				
安全技术文件编制	4.0	4.1				
工程试验及其仪器操作	3.9	3.7				

续表

职业能力(含知识与技能)	建筑工程技术专业		工程造价专业		工程测量技术专业	
	重要程度	使用频率	重要程度	使用频率	重要程度	使用频率
Project 软件操作	3.9	3.6				
建筑资料编制	3.9	3.6				
监测报告识读	3.8	3.7				
工程地质基本知识	3.8	3.6				
钢筋下料计算	3.8	3.6				
地质报告识读及地质情况初判	3.7	3.6				
力学知识	3.7	3.5				
PPP 软件操作	3.6	3.3				
工程造价控制、管理基本知识			4.6	4.5		
BIM 工程造价及其软件操作			4.6	4.5		
建筑工程手工计量与计价(钢筋、土建)			4.5	4.4		
安装工程手工计量与计价			4.5	4.4		
建设工程标准定额管理			4.5	4.4		
预算、结算编制			4.4	4.4		
工程量清单及其报价编制			4.4	4.4		
计价定额编制			4.3	4.2		
建筑统计指标计算、分析			4.3	4.1		
工程项目招投标管理			4.2	4.2		
工程合同管理及争议处理			4.2	4.2		
工程索赔制度			4.2	4.1		
工程项目风险管理			4.1	4.0		
工程投标报价及造价变更			4.1	3.9		
合同文件编制			4.1	3.8		
表单填写及文本整理、分析			4.0	3.7		
测区资料搜集、分析、整理					4.7	4.6
测量坐标系统与高程基准					4.6	4.6
常用测量仪器设备及其操作					4.5	4.5
测量精度、误差、限差					4.4	4.5

续表

职业能力(含知识与技能)	建筑工程技术专业		工程造价专业		工程测量技术专业	
	重要程度	使用频率	重要程度	使用频率	重要程度	使用频率
地形图基本知识及其调绘、精编					4.4	4.4
航测地形立体采集及其调绘、精编					4.4	4.4
常用测量仪器设备检视、保养、维护					4.4	4.3
测量像控点及其布设					4.3	4.3
数字测绘质量检查与分析					4.3	4.1
GIS 及其软件操作					4.2	4.2
GNSS 定位测量					4.2	4.1
编图软件操作					4.1	4.1
立体采集软件 DLG 操作					4.1	4.1
数字摄影测量及其软件操作					4.1	4.0
DEM、DOM 制作					4.1	4.0
DLG、DEM、DOM 精度检查					4.1	4.0
航线规划与任务区设置					4.1	4.0
平面、高程控制网布设与测量					4.0	4.0
平面点位与高程放样					4.0	3.9
放样成果数据整理					4.0	3.9
沉降监测与垂直度观测					4.0	3.9
预处理数字影像					4.0	3.9
检验测区控制点					4.0	3.9
空中三角测量及其软件操作					4.0	3.8
测量控制网平差与精度评定					4.0	3.8
航飞技术参数、指标					3.9	3.9
航飞影像质量检查					3.9	3.9
大比例尺地形图数据采集、整理、绘制					3.9	3.9
地形测量					3.9	3.8

续表

职业能力(含知识与技能)	建筑工程技术专业		工程造价专业		工程测量技术专业	
	重要程度	使用频率	重要程度	使用频率	重要程度	使用频率
无人机组装、检查、操作					3.9	3.8
控制测量观测数据检查与整理					3.9	3.7
导线测量、水准测量及其路线平差计算					3.9	3.7
无人机基本知识					3.8	3.7
空中三角测量成果检查、整理					3.8	3.6
竣工测量					3.8	3.6
管线探测					3.8	3.5
纵横断面测量及绘图					3.7	3.7
立面测量					3.6	3.6
控制测量					3.6	3.6
测绘成果存档与管理					3.6	3.4
土地管理					3.6	3.3
房产相关知识					3.5	3.6

资源来源：咸宁职业技术学院建筑学院

3. 构建专业群平台课程

首先，确认专业之间的共同职业能力，是组建专业群的基础。其次，必须将共同职业能力转化成培养该职业能力的课程，才能凸显延后学生专业分化、扩大学生选择空间、统筹办学资源管理与应用的效益。

专业群平台课程体系为"建筑识图""建设法规""建筑施工测量""BIM技术应用"，这四门课程为建筑专业群各专业必修专业群平台课程体系。

（以上案例由宁波职业技术学院顾问孙仲山教授撰写提供）

第10章 专业群平台课程教学资源建设

对专业群建设的实践调研显示：专业群设计是个性化的，不同学校、不同专业对专业组群可能有所不同，课程设计结果也呈多样化形态。但分析课程设计结果的不同之处多在名称或与应用结合的举例，而技术知识或技术技能要求本质上存在高度共性，这就为教学标准建设以及教学资源和技术平台共享提供了基本条件。本章将就专业群平台课程教学资源建设进行讨论。

10.1 专业群平台课程教学资源建设概述

1. 专业群集合的规范性课程

由于专业群组建呈现个性化特征，每个专业群都是独立设计，使专业群之间的平台课程五花八门，几乎没有相同课程。但从核心内容看又大体相同，从教学资源建设的视角则可规范形成某大类技术领域专业群集合的规范性课程资源，可按专业群规范课程编写教材，供各专业（群）选用，并以活页教材补充。专业群课程要涵盖专业群基本技术技能和能力要求，而不仅是专业知识，从而彰显和拓宽学生技术技能工作的适应性；专业群课程应成为"X"的支持课程，因此还应考虑专业群和"X"的关联问题，这些都是在专业群课程设计中需要考虑解决的。

通过对电子信息大类各校若干专业群平台课程的调研分析，最终归纳出可做电子信息大类专业群平台课程资源开发的课程有电工电子技术与应用、程序设计技术与应用、人工智能技术与应用、大数据技术与应用、网络与信息安全技术等。

专业群平台课程的规范和实施，不但推迟学生专业分化的时程，也为学生提供选择专业群中专业的可能性。这种课程规范与实施的模式，可以有效促进适性学习，激发学生生涯发展潜能，同时增加选择机会，强化学生适应职业变化的能力。当然，需要有完善的选课制度，给予学生适度的选课自由，同时提供必要的选课指导，才能充分发挥这种课程模式的特色。

2. 统筹专业群办学资源

根据专业群课程体系，可以分析师资、教学环境、教学设备等保障条件的需求。根据专业群平台课程，则可以明确区分专业群乃至专业群集合的共同需求。基于客观分析结果，以专业群或专业群集合为范围，可以统筹师资、教学环境、教学设备等办学资源的应用与管理，减少资源闲置，提升使用效率。同时可避免重复增置功能相同的教学环境与教学设备。

10.2 信息技术类平台课程教材案例 I ——《电子电路分析制作及测试》

1. 教材名称

《电子电路分析制作及测试》。

2. 内容简介

本书内容主要包括基本器件及电路、集成运算放大器及电路、功率放大器电路、直流稳压电源电路、基本逻辑电路、组合逻辑电路、时序电路、数模与模数转换电路的基本原理分析及典型应用电路制作、调试与故障排除等。通过学习本书，学生可了解模拟电子线路中的基本器件、集成运算放大器、功率放大器及直流稳压电源，数字电路中的基本逻辑电路、组合逻辑电路、时序逻辑电路及模数与数模转换电路及典型应用电路的结构和基本原理。

本书包含上述基本器件及电路的基本原理分析，典型应用电路实际制作及调试实训，涵盖器件的基本电路及工程实践中的典型应用电路，通过实操训练，在深化相关知识的同时，辅以实践制作及调试，可以帮助学生提高对于器件及工程应用电路原理的理解，增强学生的实践动手能力，让学生熟悉电子电路原理的分析方法，掌握装配制作及调试的典型工艺要求，故障分析及排除方法。形成电子电路分析制作及调试的基本技能，为后续专业课程的学习奠定坚实的专业基础能力。

通过学习本书，学生可较全面地了解模拟和数字电路的基本器件、典型应用电路的原理分析、制作及测试方法，掌握常见电子产品装配及调试工具的操作、电子电路的装配及调试工艺、电子电路故障分析及排除方法。借助本地及远程虚实结合的平台，可以提高学生学习的便利性，引导学生积极参与实践动手，达到促进学生自我学习、自我探究、自我驱动的教学目标。

3. 本书特色

本书依据《中华人民共和国电子行业标准》、《国家职业技能标准——广电和通信设备电子装接工》（GZB 6-25-04-07）、《智能硬件应用开发"1+X"证书标准》及《智能硬件装调员》新职业定义等标准，《中华人民共和国环境保护法》及《中华人民共和国计量法》等法律，对模拟和数字电路的基本及典型应用电路原理进行阐述，通过实践制作，使学生直接将所学知识技能应用于具体工作中，达到教用一致的目标。

通过学习本书，学生可掌握模拟和数字电路基本器件、集成器件、典型应用电路原理及其分析方法、制作及调试工艺规范、故障分析及排除方法等，为以后从事电子产品调试及开发工作奠定基础。

本书包含电子产品装调及环境保护等法律法规和职业道德规范，可以在帮助学生掌握电子电路分析制作及调试基本知识和技能的同时，达成思政教育的目的。

通过学习本书，学生可形成对电子电路的基本组成及原理的认知，掌握基本原理分析、电路制作及调试、故障分析及排除等技术技能，了解相关的国家法律法规和标准，有利于将来从事电子产品装配、调试及研发等相关工作。

（以上案例由南京信息职业技术学院孙刚教授撰写提供）

10.3 信息技术类平台课程教材案例Ⅱ——《网络与信息安全技术》

1. 教材名称

《网络与信息安全技术》。

2. 内容简介

本书主要包括网络安全现状、网络安全相关法律法规标准及国家政策、网络安全支撑技术、操作系统安全、网络安全技术、应用安全、数据安全、网络安全运维和网络安全管理，以及常见网络安全赛事等相关内容。通过学习本书，学生可了解网络信息安全典型技术、数据安全常用技术、信息系统安全漏洞产生的原因、漏洞利用后的危害、信息系统安全管理的主要任务、信息系统安全运维的典型流程、典型系统安全配置的基本过程，以及国内外常见的网络信息安全赛事等，建立以数据和应用为核心、操作系统安全和网络安全为支撑的网络安全体系架构，形成动态安全的信息安全理念，理解通过网络安全运维活动，不断提升网络信息系统安全防护能力，以满足网络安全要求和业务安全要求的动态网络安全过程。

本书包含丰富的网络信息安全实训，涵盖数据安全、应用安全、操作系统安全和网络安全等领域，通过实操训练，在深化相关知识的同时，形成并固化基本的网络安全技能，为后续专业课程的学习奠定坚实的专业基础能力。本书通过介绍国内外典型的网络信息安全赛事，激发学生的参赛热情，达到以学为主、以赛促学、以赛促训的良性教学循环。

通过学习本书，学生可较全面地了解网络与信息安全领域的典型知识和技术，可掌握网络信息安全领域的一些常见工具使用方法；通过参加相关竞赛，可以达到促进学生自我学习、自我探究、自我驱动的教学目标。

3. 本书特色

本书按照《网络安全法》《数据安全法》等相关法律要求，依据《高等职业教育专科信息技术课程标准（2021年版）》等规范，遵循《信息技术 安全技术 信息技术安全评估准则《(GB/T 18336)》、《信息技术 安全技术 信息安全风险管理》(GB/T 31722)、《信息技术 安全技术 信息安全管理体系 要求》(GB/T 22080)、《信息安全技术 信息安全保障指标体系及评价方法》(GB/T 31495.3)、《信息安全技术 信息系统安全运维管理指南》(GB/T 36626)、《信息安全技术 信息安全风险评估规范》(GB/T 20984)、《信息安全技术 数据安全能力成熟度模型》(GB/T 37988)等国家标准要求，对信息安全相关技术原理与管理方法进行系统阐述，可使学生直接将所学知识技能应用于具体工作中，达到教用一致的目标。

通过学习本书,学生可掌握相关信息安全软件的部署、配置、使用、安全加固等基本技能,这些软件包括 Windows 操作系统、Linux 操作系统、数据加解密软件、防火墙软件、网络扫描、DoS 攻击、入侵检测以及网络协议分析软件等,为学生以后从事信息安全领域工作奠定基础。

本书包含网络信息安全相关法律法规和道德规范,以及网络安全领域发生的大事件等内容,在帮助学生树立网络安全意识的同时,达到思政教育的目的。

通过学习本书,学生可形成对信息安全较全面的认知,树立信息安全体系架构,包括网络层、操作系统层、应用层、中间件层以及数据安全层等,同时介绍了相关的国家法律法规和标准,有利于学生从事网络安全体系架构设计、网络安全运维、网络安全产品研发等相关工作。

(以上案例由杭州安恒信息技术股份有限公司安恒学院相关人员撰写提供)

10.4 信息技术类平台课程教材案例Ⅲ——《人工智能技术与应用》

1. 教材名称

《人工智能技术与应用》。

2. 内容简介

本书定位于高职电子信息专业群平台课程,主要介绍基于 Python 的人工智能基础概念和算法,以实训为主,在实训案例中深刻理解与掌握人工智能相关应用。

本书共包括六章。第一章为人工智能概要,分为五部分,分别介绍当下产业应用、人工智能起源、人工智能概念、人工智能发展、主流应用技术等;第二章介绍 Python 的基础用法,包含变量、操作符、列表、元组、字典、科学计算库 Numpy、可视化库 matplotlib 等;第三章介绍机器学习算法应用,如 KNN、逻辑回归、决策树等;第四章介绍深度学习算法应用,如全连接、卷积、循环、生成对抗等神经网络;第五章介绍计算机视觉技术相关应用,如 OpenCV 的应用、目标检测、图像分割等;第六章介绍自然语言处理技术相关应用,如词云图、语音合成、识别技术等。本书提供了实训案例,使学生在理解技术理论的同时,能够通过编写代码,掌握人工智能技术的应用过程。实训案例设置目标、功能演示、知识点、实训、作业五个部分,使学生能根据知识学习路径,按照书中提供的学习步骤,完成知识点的学习以及技能的掌握。

本书配套的训练平台为派 Lab(www.314ai.com),可登录该平台进行实时训练。本书适合作为高等职业院校人工智能课程教材,也可作为人工智能学习者的入门教材。

3. 本书特色

本书在加强学生技术技能培养的同时,强调提升学生综合能力;结构满足电子信息类各专业学生学习人工智能技术与应用基础的需要,充分适应教师有效教学;编写形式灵活,能够匹配多情境教学场景需求。

(以上案例由随机数(浙江)智能科技有限公司总经理葛鹏等撰写提供)

第 11 章 计算机公共课程向信息技术课程转型升级

高等职业教育计算机公共课程类似于普通本科的计算机基础课程,是非计算机专业学生的计算机课程,20 世纪 80 年代伴随我国计算机应用而发展的高等教育重要组成部分。当前新一代信息技术发展和越来越广泛地应用,进入了智能时代工业 4.0 的新发展阶段,传统的高等职业教育计算机公共课程面临改革升级,教育部颁布的《高等职业教育专科信息技术课程标准(2021 年版)》,为高等职业教育计算机公共课程改革升级指明了方向。本章将依据《高等职业教育专科信息技术课程标准(2021 年版)》,研究信息技术课程标准的实施模式、构建信息技术课程体系、落实信息技术课程教学建设。

11.1 计算机公共课程面临转型升级

20 世纪 70 年代末,作为工业 3.0 核心技术的计算机和自动化技术开始在我国发展,并应用到经济、社会、生活各方面,推动了高等教育人才培养适应科技和产业发展。计算机科学与技术成为高等教育一级学科,计算机教育逐步分成计算机专业教育和计算机基础教育两大领域,计算机专业教育是指伴随工业 3.0 发展,在本科设置的计算机类专业;而计算机基础教育是指非计算机类专业的计算机教育，这标志着计算机技术已成为跨时代的核心技术，其对经济、社会、生活的影响是全方位的，因此计算机教育也会涉及高等教育所有学科专业。

20世纪90年代，随着高等职业教育教学改革的逐步深入，高等职业教育的计算机教育开始提上日程。高职计算机教育开设了一门计算机公共课程，内容以计算机文化为主，涵盖所有专业对计算机应用的共同要求，而各专业对计算机的需求由各专业在设计专业人才培养方案时自行解决。

进入21世纪第二个十年以来，我国开启了以人工智能技术为代表的新一代信息技术为核心的工业4.0进程。新一代信息技术的应用场景不断被开发，其工作岗位需求也越来越大。自2017年起，每年政府工作报告中都会提及"人工智能"。国家战略目标是到2030年，人工智能理论、技术与应用总体达到世界领先水平，成为世界主要人工智能创新中心。以人工智能技术为代表的新一代信息技术覆盖了自动驾驶、智慧城市、医疗影像、智能语音、视觉计算、智能营销、普惠金融、视频感知、图像感知、安全大脑、智慧教育、智能家居等几乎所有经济社会应用领域，促进了人工智能和新一代信息技术成果的转化应用，使其成为驱动实体经济和社会发展的新引擎。伴随科技和产业的发展，人工智能和新一代信息技术人才需求大增，高等职业教育开始设置专门培养人工智能和新一代信息技术的专业，技术支持工程师、智能训练师、智能测试工程师成为高职学生就业的重要选择，这必将促使计算机教育进入一个新的发展阶段。这一阶段的特点是以计算机教育为基础，以人工智能和新一代信息技术教育为方向，本书称为智能时代的信息技术教育。从教育视角智能时代的信息技术教育仍可分为信息技术专业教育与信息技术基础教育两部分，这也意味着高职计算机公共课程要向信息技术课程转型升级。

11.2 教育部公布信息技术课程标准

《高等职业教育专科信息技术课程标准2021年版》中提出，信息技术课程由基础模块和拓展模块两部分构成。

（1）基础模块包含文档处理、电子表格处理、演示文稿制作、信息检索、新一代信息技术、信息素养与职业文化六部分内容。

（2）拓展模块包含信息安全、项目管理、机器人流程自动化、程序设计基础、大数据、人工智能、云计算、现代通信技术、物联网、数字媒体、虚拟现实、区块链等内容。

各地区、各学校可根据国家有关规定，结合地方资源、学校特色、专业需要和学生实际情况，自主确定拓展模块教学内容。

高职信息技术课程标准具有如下特点：

1. 新标准具有引领性

新标准是高等职业教育为适应新一代信息技术发展对技术技能人才新需求提出的计算机基础教育新标准，具有及时性和很强的引领作用。

2. 新标准具有传承性

新标准具有传承性，例如，基础模块中仍保留原高职计算机公共课程内容，并结合当前发展进行内容更新，如文档处理、电子表格处理、演示文稿制作、信息检索部分内容。

3. 新标准具有发展性

新标准具有发展性，在拓展模块中提出了信息安全、项目管理、机器人流程自动化、程序设计基础、大数据、人工智能、云计算、现代通信技术、物联网、数字媒体、虚拟现实、区块链等新一代信息技术内容。

4．新标准提出"信息素养"新要求

新标准提出了"信息素养"培养的新要求，并将"信息素养"规范为包括信息意识、计算思维、数字化创新与发展、信息社会责任四方面。

5．新标准重视思维能力培养

新标准在"信息素养"中提出的"计算思维"能力培养十分值得关注，标准要求"能将这种解决问题的思维方式，迁移运用到职业岗位与生活情境的相关问题解决过程中"，这是在高等职业教育中首次提出重视思维能力培养。

11.3　基于新标准的信息技术课程解决方案

新的信息技术课程标准为高职计算机公共课程的改革升级指明了方向，下面的任务是如何构建信息技术课程的教学模式。从构建信息技术课程教学模式的视角审视信息技术课程标准，还存在以下几方面问题。

1．新标准对新一代信息技术技能要求有待提炼

就标准本身而言，无论是高职，还是传统本、专科计算机基础（公共）课程，都是以掌握计算机领域基本技能为基础的，而新标准在新一代信息技术领域（拓展模块）内容多为理论知识的介绍或讲解，少有技术技能的掌握和训练要求，这是否意味着在智能时代就没有对全体大学生的技术技能要求呢？回答当然是否定的。在新一代信息技术领域提取对全体大学生共同的技术技能要求是需要继续研究和实践的任务。

2. 新标准要重视解决高职新生基础模块掌握的差异性问题

就新标准在学校的实施来讲，当下对高职学生标准基础模块部分的掌握参差不齐，不同地区的高职院校、院校内来自不同地区或中学的高职学生计算机应用能力水平有较大差异，因此对是否开设原计算机公共课（基础模块）内容，是必修还是选修，是全体学生还是都分学生开设，如何确定课程学时，恐怕都要统一要求。

3. 新标准要关注高职学生对拓展模块需求的紧迫性问题

智能时代、数字社会、国家安全、人机交互等方面都需要当代大学生具备相关能力，因此新一代信息技术（拓展模块）也将逐步成为全体学生必备的知识和技能。

综上所述，在当前还难于提出一个适应新发展阶段的信息技术课程和教学模式，其间尚要有一个过渡阶段情况下，本书提出一个以标准为基础，从原有的计算机基础（公共）课程向信息技术课程过渡的模式：

该模式包括以标准中基础模块内容为主的计算机公共课程，以标准拓展模块为主的程序设计、人工智能、大数据、信息安全以及新一代信息技术概论等系列课程。课程要努力挖掘全体学生需要掌握的技术技能，编写教材，开发新的课程资源以及技能实训平台；还要将标准中的信息素养和思维能力培养融入各门课程中。学校可依据学生对原计算机公共课程内容的掌握和新一代信息技术课程内容的需要灵活选择开设课程，也可在教师指导下学生选择性学习。

11.4　高职信息技术课程系列教材案例 I——《信息技术基础》

1．教材名称

《信息技术基础》。

2．内容简介

本书采用课程教学一体化设计思想组织编写，设计为一个计算机销售公司新员工入职培训计划，学生通过参加系列培训，了解一个现代企业对员工信息化能力的具体要求。同时，本书将全国计算机等级一级 MS 考试内容内化到课堂教学中。本书内容主要包括计算机公司入职培训、公司相关产品介绍、软件安装服务标准、信息素养与基本办公应用培训、公司网络应用及信息检索培训、Word 2016 文字处理、Excel 2016 电子表格、PowerPoint 2016 演示文稿。每个单元设计都经过认真推敲，兼顾考级考证需要的同时，做到了理论联系实际，详细分解各类计算机问题，全面提高学生基于新一代信息技术的计算机实际操作能力，能够使学生增强信息意识、提升计算思维、促进数字化创新与发展能力、树立正确的信息社会价值观和责任感，为其职业发展、终身学习和服务社会奠定基础。

本书对标教育部《高等职业教育专科信息技术课程标准（2021年版）》，增加了"信息检索""新一代信息技术概论""信息素养与社会责任"三个模块。通过书中的"了解新一代信息技术""借助搜索引擎辅助安装相关软件""提升员工信息素养及遵守职业行为自律""了解信息安全自主可控"等初步实现标准中对以上模块的内容要求。

3．本书特色

本书对标教育部《高等职业教育专科信息技术课程标准（2021年版）》，根据全国计算机等级考试一级 MS 考试大纲，基于 Windows 7 和 Office 2016 编写。单元 1 通过了解企业背景、学习整体培训计划、了解计算机的发展史、认识信息的存储和了解新一代信息技术等任务，培养一定的信息技术能力和融入公司企业文化的基本能力；单元 2 结合 Format 公司主要销售的三大类产品，详细讲述了计算机硬件系统方面的知识，培养硬件识读和选购技能；单元 3 通过介绍客户软件安装需求，借助搜索引擎辅助安装相关软件和使用，培养软件的选择安装使用和信息检索的能力；单元 4 通过提升员工信息素养及遵守职业行为自律，了解信息安全"自主可控"，Windows 7 基本操作与常用设置，文件和文件夹基本操作，病毒的防范等任务，培养基本办公应用、信息素养和信息社会责任能力；单元 5 通过了解"认识公司网络架构""公司因特网应用"等任务，培养员工基本网络应用能力；单元 6 通过制作"计算机购买合同"，编辑"计算机购买清单"，合并文档保存电子存根，设计"邀请函"，批量制作"邀请函"等任务，培养文字处理能力；单元 7 通过制作"公司员工档案管理表"，设计"员工工资表"，制作"员工工作能力考评分析表"，整理"员工绩效记录表"，分析 Format 公司销售数据等任务，培养数据处理能力；单元 8 通过了解新品发布演示文稿框架，制作公司演示文稿模板，设计新品发布外观，编辑幻灯片中的对象，设置幻灯片交互效果等任务，培养演示文稿制作能力。整本教材的设计可以形成一个完整的教学项目，每个单元部分都是相互联系的，完成教学项目的学习的同时也就提高了学生的综合能力。

本书配套提供全国计算机等级考试一级 MS（2016 版）练习考试系统。该系统由无忧考吧提供，功能聚焦，单机版环境，安装方便，教学团队对题库进行筛选和教学设计，并制作相关微视频资源。系统主要核心功能如下："全真模拟"功能：可以随机抽取试卷，可用于单元测试，或者期末考试等教学环节。"专项练习"功能：主要分为"选择题"和"操作题"两大模块，操作题具体分为"基本操作""字处理""电子表格""演示文稿""上网题"五个部分，符合按模块授课规律，可以大幅度提高课堂效率。辅助功能：系统提供"视频讲解""文字评析""单题评分""重置原始素材"等菜单，并为学生提供了完善的课后练习环境，提升学习效果。

本书配套有 202 个微课视频、课程标准、教案、授课 PPT、素材、习题答案等丰富的数字化资源。本书课程同步发布在中国大学 MOOC（https://www.icourse163.org/）和智慧职教（https://www.icve.com.cn/）。学生可以登录网站进行在线学习及资源下载；授课教师可以调用本课程构建符合自身教育特色的 SPOC 课程。

本书的整体设计都在围绕信息素养，判断什么时候需要信息，如何去获取信息，评价和有效利用所需的信息，突出科学思维和语言文字表述能力。

（以上案例由南京城市职业学院乐璐副教授撰写提供）

11.5 高职信息技术课程系列教材案例Ⅱ——《信息技术基础（WPS）》

1. 教材名称

《信息技术基础（WPS）》。

2. 内容简介

本书依据《高等职业教育专科信息技术课程标准（2021 年版）》制定框架，并参考《全国计算机等级考试标准(NCRE)》、全球学习与测评发展中心(GLAD)的《信息与通信技术国际标准（ICT）》、金山公司的《WPS 办公应用技能国际标准(KOS)》以及"1+X"证书的《WPS 办公应用职业技能等级标准》等多种国内外学术界和产业界的课程和考核标准编排内容，从而保证教材内容符合信息技术的发展趋势，符合学生未来工作岗位的应用需求，符合未来创新驱动下的双循环产业模式。

本书内容主要包括计算设备硬件知识、主流操作系统的知识和应用、互联网的使用、信息的获取和检索、文档处理、电子表格处理、演示文稿制作、信息素养与信息安全、大数据与人工智能、5G与物联网、区块链等。

为适应新的课程标准及信息技术的发展趋势，本书内容主要有以下特点。

首先，本书的编写以教育部《高等职业教育专科信息技术课程标准（2021年版）》为主要依据，在传统的计算机基本原理知识的讲解基础上，体现了以大数据和人工智能为代表的新一代信息技术的发展；对新一代信息技术的讲解不是停留在空泛的概念层面，而是通过生活和工作中可以接触到的实际情景案例讲解这些技术的特点和应用，并引导学生进行批判性的思考；通过引导学生对集成这些技术实际工具的使用，帮助学生理解并掌握新技术。

其次，关于办公软件工具模块的革新。办公软件教学是职业院校信息技术基础教学中的重要组成部分。在这个模块中，本书适应当前以国内大循环为主、国产软件快速发展的趋势，基于金山WPS Office进行讲解，注重培养学生掌握长篇文档处理的规律、数据分析的流程及信息的可视化与演示等通用的办公能力，并重点介绍WPS Office在复杂数据处理、文档排版与信息演示等方面的特色与领先功能，尤其是适合中国国情下的独有功能。本书通过大量来自实际职场中的案例，帮助学生提升使用包括WPS在内的多种办公工具解决实际工作难题的技能。

3. 本书特色

本书的内容与结构设计适应职业院校教学特点，避免了冗长枯燥的理论讲解,每个单元由若干实际工作中的真实情境任务组成,通过提出问题、分析解决思路、讲解所需的知识并最终完成任务的方式引导学生在做中学,提高学生在实际工作中有意识地使用信息技术解决实际问题的能力。本书配有在线学习和测评平台,学生通过扫码书中二维码,即可获取书中任务的视频讲解,并可以在课后进行该单元知识的复习与演练,从而将教师课堂授课和学生自主学习有机融合在一起。

信息技术的发展在带来收益的同时也会带来新的风险和冲击。本书为技术注入人文关怀,在每个单元融入课程思政的内容。在相应的单元中,突出穿插了国产硬件和操作系统的介绍,体现我国最新法律法规和舆论导向的任务案例,在介绍信息技术最新发展的单元中,在技术视角之外,注重从人文和社会视角加以审视和探讨。

本书是学校和业内知名企业合作的结晶,书中从标准、架构到案例的设计,得到了金山、GLAD等前沿企业的支持,保证了教材内容能够符合产业界需要。通过学习本书,学生可以达到参加全国计算机等级考试、"1+X"证书认证以及ICT国际认证等学界和产业界权威测评的水准。

(以上案例由北京金芥子国际咨询有限公司总经理赫亮等撰写提供)

11.6 高职信息技术课程系列教材案例Ⅲ——《Python 语言教程》

1. 教材名称

《Python 语言教程》。

2. 内容简介

Python 是一门简单高效、充满活力的语言,它用途广泛,用户众多。Python

用户人群的学习目标和学习标准有所不同，那么，高职学生应当达到怎样的标准呢？本书使用全国计算机等级考试二级标准和"1+X"大数据应用开发（Python）标准，重点让学生掌握基本语法、常用的数据结构、文件和设备操作、常用算法。不同于传统语言教材，本书努力建立一种"沉浸式"的学习环境。计算机语言和人类语言有一些共通之处，从语言学习的角度来看需要在语境中通过话题不断练习。本书设置了当下流行的话题：数据抓取、系统清除垃圾、数据表达等场景，使读者在应用场景中学会灵活运用语法、常用工具包、基本技能和技巧解决实际问题。这样使读者理解每一项语法、每一种符号都有其应该具有的功能，是表达的需要，而不仅仅是个概念。语言和思维是互相影响的，那么，众多计算机语言学习者追求的"计算思维"如何获得呢？是否应先学会用计算机语言说话，比如把"Python 话"说流利，进而就会用 Python 想问题了？本书的学习方法是，按照目录顺序把每个单元的示例学习项目实践一遍，再通过自己的理解修改一遍，再把单元结尾的"项目实践"做一遍，Python 这门语言就能使用得很"流利"了，思维可能就随之形成了。

3. 本书特色

本书依托教育部《高等职业教育专科信息技术课程标准（2021年版）》，以及国家全国计算机等级考试二级标准和大数据应用开发（Python）标准。强调掌握语法、内置数据结构、会操作文件、掌握常用"工具包"，针对数据处理和系统维护常用的抓取、作图、系统维护等职业岗位常用技术技能，给出了应用范例。融入立德树人，体现爱国敬业等思政内容，用自然语言映射计算机语言力图形成计算思维。要求读者按照岗位需求，阅读项目需求，形成项目开发和总结报告，以锻炼规范的语言文字表述能力。

（以上案例由北京电子科技职业学院于京教授撰写提供）

11.7 高职信息技术课程系列教材案例Ⅳ——《人工智能技术与应用基础》

1. 教材名称

《人工智能技术与应用基础》。

2. 内容简介

本书紧随产业数字化转型趋势，以引发数字化变革的人工智能技术为切入点，以技术应用为主线，引导和培养学生"AI思维"和"创新思维"，兼顾专业智能化发展需要，提升专业智能化程度，适应智能时代行业智能化发展需求，引导和培育学生利用人工智能技术去认识和理解世界。落实立德树人根本任务，树立正确的信息社会价值观和责任感，为其职业发展、终身学习和服务社会奠定基础。

本书将学习项目案例背景、应用领域等与国家战略产业、重点民生领域相结合，树立学生科技强国意识和科技自信。本书立足于构建智能应用场景或智能应用产品的智能应用系统，以"输入""传输""计算""存储""输出"的智能应用系统五要素为参考，不拘泥于人工智能复杂算法的实现，注重以AI思维和系统思维设计实现智能场景或产品的智能应用系统。通过人工智能技术应用和智能应用系统五要素的组合，聚焦场景和产品的智能化升级改造，以学习项目拓展学生人工智能应用认知，培养AI思维和创新意识，着重强调涉及人工智能的场景认知、系统架构设计、解决方案、项目实施、项目运维、智能单品开发、智能系统集成等方面。

本书内容主要包括智能化时代与人工智能认知、智能系统与关键技术、AI赋能行业应用实践等。通过分析实际行业智能场景，营造出系统框架思考氛围，在完整体系的智能场景中认知和理解人工智能技术所发挥的作用，以场景认知的方式，培养学生具备"顶层设计"系统化思维；完成场景认知，准确理解人工智能技术的作用和意义，提炼总结和加深理解人工智能关键技术，为运用智能工具构建智能场景提供理论基础支撑；将智能应用系统五要素和人工智能关键技术相结合，打造人工智能通识教育平台，以平台为智能工具，展现 AI 思维，构建智能场景。教材致力于引导学生能够结合行业智能化需求，运用 AI 思维进行创新思考，通过人工智能去认识和思考世界。

3. 本书特色

本书以《高等职业教育专科信息技术课程标准（2021 年版）》为依托，充分参考《美国高等教育信息素养能力标准》，构建人工智能关键技术通识教育体系，适应智能时代人才培养需求。教材整合新技术和新平台，为人工智能关键技术应用体系的建设奠定基础，着重强调场景架构认知、关键技术理解以及借助智能工具实现智能场景的能力培养。教材坚持理论与应用相结合的原则，不仅可以引导学生运用 AI 思维开展系统架构设计、系统集成、项目运维与实施、解决方案等方面进行创新和设计的思维活动，还可以借助智能工具，进行思维活动成果的落地和验证。教材具备通识和实践特征，实践项目不依赖编程语言基础和复杂的开发环境需求，不涉及人工智能复杂算法的实现，通过将关键技术"模块化"的呈现方式，通过"拖—拉—拽"等直观手段，更加直观和便捷地将人工智能理论知识和行业应用相结合，完成教材实践项目内容。

本书以纸质为核心，以人工智能通识教育平台为支撑，结合网络化教学资源和案例库的新型教材，借助"云平台—虚拟仿真"等手段，实现教材项目实训网络化、项目场景虚拟化、配套案例共享化。以教材为载体，充分发挥数字化资源价值，实现资源与教学的整合，推动人工智能通识教育教学改革。

本书以立德树人为根本任务，将学习项目与思政元素相融合，技术应用方向侧重国家战略产业，学习项目以重点民生工程为主，引导学生将学知识和民族文化、国家战略、科技创新、社会服务等相结合，潜移默化地引导学生建立正确的人生观、价值观、世界观，树立学生科技强国意识。

本书有机联系认知工具、网络资源等，以创新精神和实践能力为核心，贯穿信息意识、计算思维、数字化创新与发展、信息社会责任等学科核心素养。通过把人工智能与专业教学相结合，让学生把人工智能技术作为思考和解决问题的工具，并通过科学思维将理论与实践有机衔接。教材实践项目源于思维引导，学生不用拘泥于高深理念和复杂算法，可以"天马行空"地在场景系统框架内通过运用AI思维进行思维层面的创新设计活动，并将思维活动成果借助云平台进行实践应用，进一步检验实践应用项目的客观性、精确性、可检验性、预见性、普适性等，进而通过语言或文字总结出较为抽象和系统的解决方案，最终完成人工智能通识和实践任务。

（以上案例由百科荣创（北京）科技发展有限公司总经理张明伯及教研团队撰写提供）

11.8 高职信息技术课程系列教材案例V——《大数据技术与应用基础》

1. 教材名称

《大数据技术与应用基础》。

2. 内容简介

大数据是信息技术发展到一定阶段的产物，正广泛应用于商业、金融、军事、交通、环境保护等各个行业中。目前，大数据在社会经济发展中的引领作用更加明显，发展大数据已经成为国家战略。在此背景下，高职各专业学生应具有与专业需求相适应的数据处理能力以及较强的数据思维意识。本书结合高职学生的学习特点，按照由浅入深、由易到难的顺序整合、序化、串联过程性知识，依据《高等职业教育专科信息技术课程标准（2021年版）》和相关职业技能等级标准编写。本书以大数据处理流程为主线，设置了九个学习情境，以理论和实践相结合的方式依次讲解了大数据概述、大数据架构、数据采集、数据预处理、大数据存储技术、大数据分析与挖掘、数据可视化、大数据安全和大数据应用等内容。

本书采用学习项目导向教学法，实施"在做中学、在学中做、教学练做于一体"的理实一体化教学。理论部分遵循理论够用、实用的原则选择内容，合理编排，表述深入浅出。实训部分具有较强的指导性和可操作性。本书通过大量的实际案例帮助读者快速了解并掌握大数据相关技术。所有实践环节循序渐进，相对独立完整又前后呼应，所有实践环节指导都有完整的命令、代码和主要过程的截图，配有微视频和代码清单，便于学生对照学习，提高学习效率。同时，提供Hadoop集群、Spark集群和Hive集群的虚拟机供下载使用，给教师和学生提供真实体验环境，能有效降低学习难度，激发学生的学习积极性。

本书技术技能训练重点在于掌握数据预处理、数据分析和数据可视化的基本技术，能使用典型的、智能化的可视化工具（如Excel或Tableau）完成数据分析实训项目。对于先导技术要求多、难度较高的内容，可通过观看微视频或直接下载使用配置好的虚拟机在普通台式机上体验。

本书适合作为高等职业院校各专业学习大数据技术与应用的教材。

3．本书特色

本书依托《高等职业教育专科信息技术课程标准（2021年版）》以及新华三技术有限公司—大数据平台运维职业技能等级标准、阿里巴巴（中国）有限公司—大数据分析与应用职业技能等级标准、广东泰迪智能科技股份有限公司—大数据应用开发（Python）职业技能等级标准等技术标准编写。通过学习本教材学生对大数据技术与应用有直观的认识和体验，初步养成数据意识并掌握基本的数据处理和分析方法，重点应掌握数据预处理、数据分析和数据可视化的基本技术，能使用典型工具完成数据分析任务。通过线上线下相结合学习，培养学生运用现代信息技术和信息化教学手段学习知识和技能的能力。采用"理实一体化"的教学方式，既促进学生独立思考、提高动手能力，又培养了学生团队协作的意识。教材配套丰富的教学资源：电子课件、微课视频、虚拟机、习题及其答案、代码清单、项目包等。配合使用百度云盘和蓝墨云班课、智慧职教等线上平台，学生可进行线上学习。在教学内容安排上平衡介绍国产软件和国外软件，通过介绍相关国内厂商和产品的发展历程，激励学生奋发图强、科技报国的热忱。本书内容贴合《高等职业教育专科信息技术课程标准（2021年版）》中大数据拓展模块内容要求。本书重点凸显对学生数据思维的培养。相对于传统的经验思维、逻辑思维等，数据思维是依靠数据来发现问题、分析问题和解决问题。大数据时代的数据思维模式主要表现为以数据为中心、全数据思维、容错性思维和相关性思维等几种形式。实现大数据时代思维方式转变的"核心"是努力把身边的事物量化，转化为数据进行处理。本书就是按照大数据思维指导下的现代数据处理流程来铺排教学内容的。

（以上案例由武汉职业技术学院胡大威教授撰写提供）

11.9 高职信息技术课程系列教材案例Ⅵ——《信息安全技术与应用基础》

1. 教材名称

《信息安全技术与应用基础》。

2. 内容简介

信息安全是指信息产生、制作、传播、收集、处理、选取等信息使用过程中的信息资源安全。建立信息安全意识，了解信息安全相关技术，掌握常用的信息安全应用，是现代信息社会对高素质技术技能人才的基本要求。本书从信息安全技术基础知识入手，全面系统地介绍信息安全面临的安全风险、隐患和脆弱性，阐述信息安全相关法律法规政策、常见的信息安全技术和主要的网络安全防护技术。通过本书使读者能够对信息安全技术与应用有系统的了解认识，初步掌握常用的第三方信息安全工具的使用方法，并能解决常见的安全问题。

本书内容主要包括信息安全基础知识，讲述信息安全基本概念、信息安全基本要素，阐述信息安全现状、典型信息安全事件案例、信息安全的发展趋势等；操作系统安全，分析了常见的操作系统类型、面临的安全风险与威胁，Windows、Linux常见的安全机制与安全配置方法；网络安全，首先对 TCP/IP 协议四层模型及安全进行了讲解，然后分析了常见的网络攻击技术，同时还介绍了无线局域网相关安全技术；应用安全，讲解了 Web 安全体系及相关技术、数据库、中间件安全，等以及邮件应用安全、DNS 应用安全等相关知识；网络安全防护技术，介绍了密码学、防火墙、入侵检测、防病毒系统、VPN 等典型网络安全防护技术，了解常用的网络安全设备的功能和部署方式以及网络信息安全保障的一般思路；恶意代码防范，讲解了计算机病毒、木马、拒绝服务攻击、网络非法入侵等信息安全常见威胁以及对应的安全分析、安全检测、安全防治等防御措施；网络安全法律法规政策标准，讲解了网络安全法、数据安全法、个人信息保护法等主要内容，网络安全等级保护相关的技术与管理要求，以及网络诈骗的常见形式和防范策略。

3. 本书特色

本书依据《网络安全法》等相关法律规定、参考《信息安全技术 网络基础安全技术要求》等国家标准要求，结合《高等职业教育专科信息技术课程标准2021年版》等具体规范设计教材内容。通过本教材的学习，能够形成对信息安全较全面的认知，熟悉信息安全技术体系，初步具备操作系统安全加固、恶意代码查杀、网络安全防护系统配置、典型安全工具使用等技能；具备基本的信息安全意识和防护能力，识别常见的网络欺诈行为，有效维护信息活动中个人、他人的合法权益和公共信息安全。

教材结构和内容突出"精、新、实"的特点，在教材的编写中紧贴信息化发展现状，以主要的信息安全技术与应用为主线，以信息安全岗位能力需求为牵引，侧重信息安全防护技术原理和实际应用，强调基础性和实用性，注重理论知识向实际能力的转化。同时教材内容兼顾立德树人，努力做到不仅传播知识，而且传授网络安全人才的理想信念教育、政治素质教育和价值观教育，强化网络安全人才培养的政治红线、法律底线、道德底线的艰巨使命。

本书内容丰富，结构合理，条理清晰，文字简练，既有深入浅出的理论讲解，又有切合实际的实验操作，能够使学生通过实际动手操作来加深对信息安全技术应用的理解。

（以上案例由杭州安恒信息技术股份有限公司安恒学院相关人员撰写提供）

第 12 章　实施以学生为中心的教学

中国特色高水平高等职业教育必须实施以学生为中心的教学，以学生为中心的教学必须有以学生为中心的教学管理制度和机制的保障，同时需要新型教育基础设施的支撑。本章将从以上两方面论述以学生为中心教学的保障和支撑作用，并研究如何在教学中的落实。

12.1　以学生为中心要有教育教学管理制度和机制的保障

长期以来，中国传统教育都是以教师为中心、以学科为导向的，近三十年的职业教育已基本改变了职业教育以学科为导向的性质，实施以能力为导向的职业教育，但以能力为导向的教学必须实施以学生为中心的教学，两者配套进行，所以当前教学方式转型是关键。

实现转型概括起来就是从以教师为中心向以学生为中心的转型，实施以学生为中心教育教学看似是教与学、教师与学生两方面的事情，实则不然，在高等职业教育中我们已大力提倡以学生为中心教育教学多年，且进行了较多试点，但由于缺乏对以学生为中心教育教学管理制度和机制的研究和推出，难于真正全面实现向以学生为中心的转型。

下面对以教师为中心教学形态和以学生为中心教学形态进行简要对比分析：

1. 以教师为中心教学形态的主要特征

(1) 以掌握知识为课程目标；

(2) 以教师课堂讲授学生听课为主要教学形式；

(3) 以线下教学为主按课表规定开展教学活动；

(4) 考试为主要评价手段以考试及格为学习合格要求；

(5) 构建基于规模化的课程与教学标准；

(6) 实施基于规模化培养和统一要求的制度和机制。

2. 以学生为中心教学形态的主要特征

(1) 以能力为导向,知识为基础组织课程,善于思考、胜任工作成为主要教学目标之一；

(2) 课堂以讲授和讨论为主,实践课程占较大比例,鼓励学生参与教学活动；

(3) 指导学生个性化学习,实施因材施教成为教师主要任务；

(4) 线上线下相结合成为主要教学手段；

(5) 能力评价成为学生课程评价主要方式；

(6) 构建基于个性化学习鼓励拔尖创新人才培养的课程与教学标准；

(7) 以学生为中心教育教学管理制度和机制的保障。

以学生为中心的教学形态强调学生在教学中的主体作用和教师的主导作用。我国现行教育教学管理制度和机制多是以教师为中心的，很难设想在以教师为中心的教学管理制度和机制下能实现以学生为中心的教学。大力提倡以学生为中心教育教学，不仅要进行试点实践项目，必须对以学生为中心教学管理制度和机制进行研究和推出，才能真正全面实现向以学生为中心的教学转型。

12.2 教育新型基础设施建设为以学生为中心的教育教学提供重要支撑

2021年7月教育部等六部门印发《关于推进教育新型基础设施建设构建高质量教育支撑体系的指导意见》，提出到2025年，基本形成结构优化、集约高效、安全可靠的教育新型基础设施体系。

教育新型基础设施是以新发展理念为引领，以信息化为主导，面向教育高质量发展需要，聚焦信息网络、平台体系、数字资源、智慧校园、创新应用、可信安全等方面的新型基础设施体系。教育新基建的重点方向包括信息网络新型基础设施、平台体系新型基础设施、数字资源新型基础设施、智慧校园新型基础设施、创新应用新型基础设施、可信安全新型基础设施共六大类。

新型基础设施将深入应用5G、人工智能、大数据、云计算、区块链等新一代信息技术，充分发挥数据作为新型生产要素的作用，推动教育数字转型。